KOSMOS

Dieter B. Herrmann

Die Kosmos Himmels-kunde

für Einsteiger

Kosmos

INHALT

WAS SIE WISSEN SOLLTEN

Als Menschen sind wir es gewohnt, uns ein Bild von der Welt wesentlich durch das Auge zu verschaffen. Was wir mit eigenen Augen gesehen haben, hat für uns Vorrang vor allem, was uns berichtet wird oder was wir möglicherweise gar nicht sehen können, sondern nur glauben sollen. Doch wie verläßlich sind unsere Sinne? Schon wenn wir durch eine baumbestandene Allee laufen, warnt uns das Auge in ganz widersinniger Weise: Am Ende der Allee stehen die Bäume so dicht, daß wir keine Aussicht haben, dort weiterzukommen. Schreiten wir vorwärts, erfahren wir, daß die Bäume überall denselben Abstand voneinander haben. Wir wurden Opfer eines perspektivischen Effekts, einer Täuschung unserer Sinne.

Ein anderes Beispiel: Jeden Tag sehen wir „mit eigenen Augen“, daß die Sonne sich um die Erde bewegt und Jahrtausende waren wir Menschen davon überzeugt, daß dies tatsächlich der Fall ist. Das Vertrauen auf den Augenschein hatte aber dereinst schwerwiegende Folgen für die Welterkenntnis. Da sich nämlich auch die Sterne von Ost nach West um die Erde zu bewegen scheinen, entstand

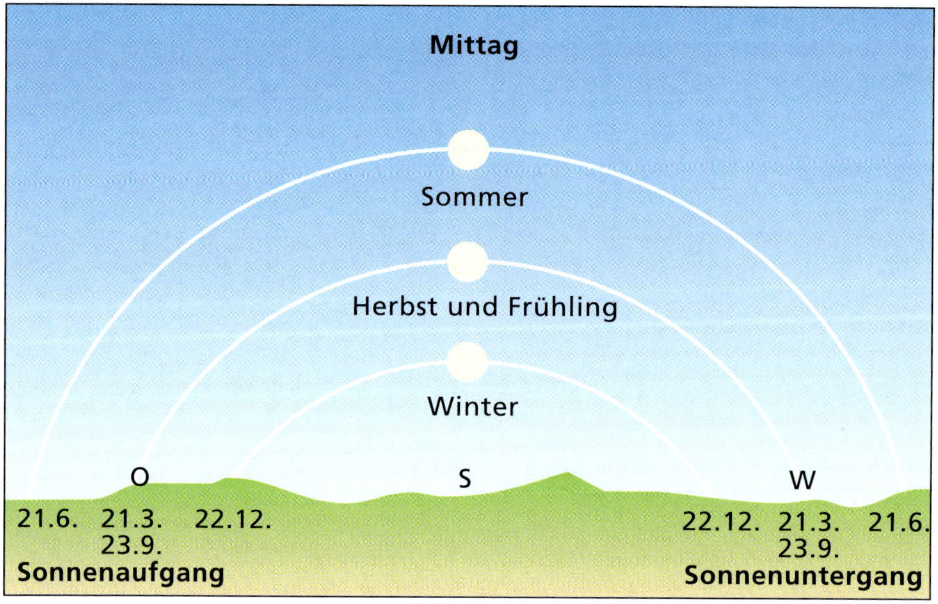

Die tägliche Bewegung der Sonne über den Horizont wird nur vorgetäuscht. In Wirklichkeit rotiert die Erde um ihre Achse.

zwangsläufig die Vorstellung, daß sich die Erde im Zentrum der Welt befindet. Der konsequente Ausbau dieser Idee führte zum geozentrischen Weltbild, das durch anderthalb Jahrtausende nahezu unangefochten für wahr gehalten wurde.

Als der große Astronom Nicolaus Copernicus im Jahre 1543 erstmals in einem umfangreichen Werk die Hypothese verkündete, daß sich die Sonne und nicht die Erde im Zentrum der Welt befinde, „versündigte“ er sich also klar gegen das Zeugnis der Sinne. Jedermann konnte mit eigenen Augen sehen, daß er unrecht hatte. Es begann der Kampf der Argumente gegen die Überzeugungskraft des Augenscheinlichen. Heute wissen wir natürlich, daß die tägliche Bewegung der Sonne nur durch die Erdrotation hervorgerufen wird. Wohlgemerkt, wir wissen es, aber wir sehen es nicht. Und mancher Zeitgenosse käme sicher in Schwierigkeiten, wenn er Beweise dafür anführen sollte, daß sich die Erde um ihre Achse bewegt. Andere uns heute wohlbekannte Bewegungen vollziehen sich noch verborgener. So bemerken wir z. B. unmittelbar nichts davon, daß sich die Sonne im Laufe eines Jahres einmal entlang den Sternbildern des Tierkreises bewegt.

Wie trügerisch unsere Sinne sind, zeigt sich auch beim Betrachten des Sternhimmels. Wer wollte denn dabei auf die Idee kommen, daß die leuchtenden Pünktchen am Firmament ganz unterschiedlich weit von uns entfernt stehen? Das Auge zeigt uns vielmehr, daß wir ganz offensichtlich von einer gewaltigen Kugelschale umgeben sind, an deren Innenseite die Sterne irgendwie befestigt sein müssen. Wir dürfen uns also nicht wundern, wenn diese Vorstellung fest zum Weltbild unserer Ahnen gehörte.

Unser heutiges Wissen über die Himmelskörper, über den Aufbau und die Entwicklung des Weltalls hat mit dem, was uns das Auge zeigt, wenig zu tun. Der Blick zum Himmel bietet nur oberflächlichen Schein. Erst die Forschung dringt in einem langwierigen Prozeß zum Wesentlichen vor und dies geschieht sehr oft, indem sie sich geradezu vom Sichtbaren bewußt abwendet und mit raffinierten Methoden hinter die Kulissen der Natur blickt. Dabei kann es sich um Beobachtungsverfahren technischer Art handeln, die weit über das hinausreichen, was unsere naturgegebenen Sinne wahrzunehmen vermögen. Ebenso kommen aber auch unsere Phantasie und Intelligenz zum Einsatz, die zur Entstehung physikalischer und mathematischer Theorien führen. Dabei handelt es sich nicht um leere Spekulationen, sondern stets wird an Beobachtungen oder Erfahrungen angeknüpft, die bei Experimenten in irdischen Laboratorien oder im Weltraum gemacht wurden. Die Ergebnisse sind in unterschiedlichem Maße zuverlässig. Doch gerade darin besteht wohl die besondere Faszination der Astronomie: daß es dem Menschen trotz seiner Winzigkeit in dem kosmischen Ganzen und wider das Trugbild der Sinne gelingt, zur Wahrheit vorzustoßen.

In diesem Buch werden die wesentlichen Fakten, die heute den weitgehend gesicherten Bestand unserer Kenntnisse über das Weltall bilden, dargestellt. Damit sich der Leser selbst ein Bild davon machen kann, wie verläßlich die Resultate sind, wird zur Einführung ein Überblick darü-

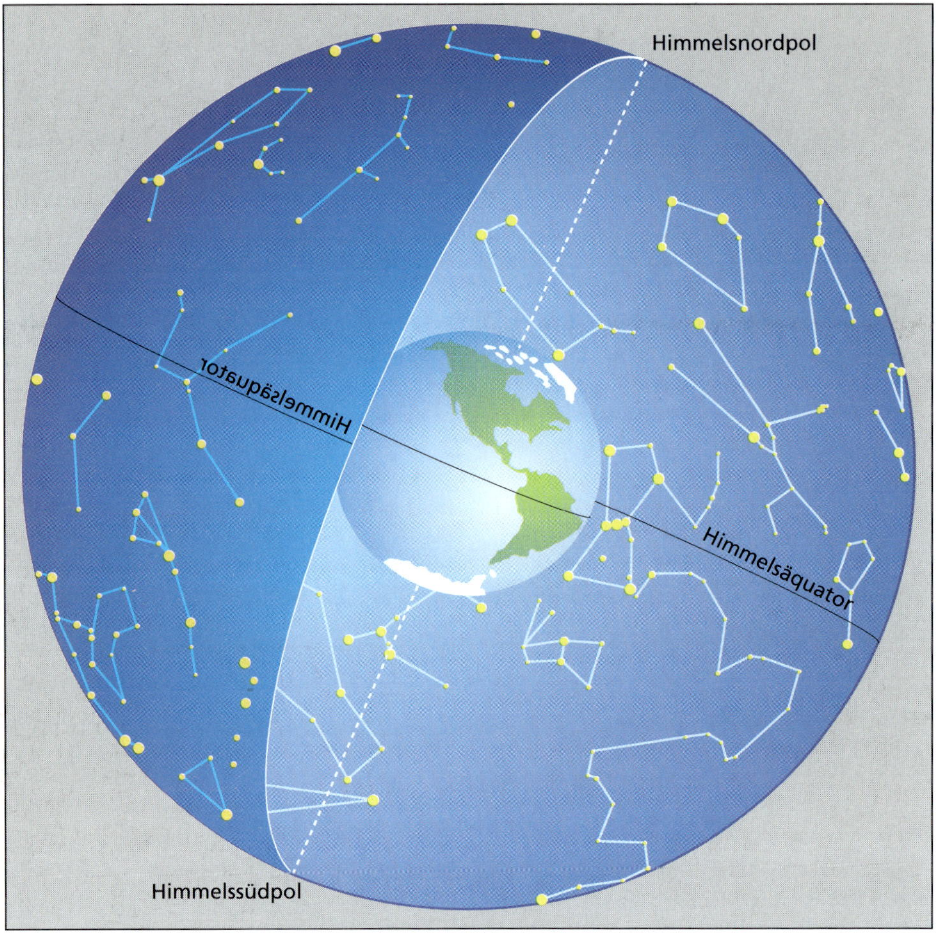

Wie eine Glasglocke umgibt uns scheinbar das Firmament. In Wirklichkeit schauen wir von unserer Erde in einen gewaltigen Raum, in dem die Sterne unterschiedliche Entfernungen von uns aufweisen.

ber gegeben, wie Astronomen zu den Ergebnissen ihrer Forschung gelangen. Am Schluß des Buches sollen auch die großen ungeklärten Fragen behandelt werden, die immer wieder das besondere Interesse vieler Menschen erregen, weil ihnen der Odem des Geheimnisvollen anhaftet. Das Buch kann je nach Belieben des Lesers wie ein Roman von Anfang bis zum Ende gelesen werden. Andererseits sind aber die Kapitel weitgehend in sich abgeschlossen, so daß man es auch als ein Nachschlagewerk benutzen kann.

Umfang und Absicht des Buches setzen allerdings Grenzen, was die Tiefe der Darstellung anlangt. Deshalb sind im Anhang Hinweise auf weiterführende Literatur angegeben, auf die das Lesen der „Kosmos – Himmelskunde für Einsteiger“ hoffentlich Lust macht.

WIE ASTRONOMEN DAS WELTALL ERFORSCHEN

DER BOTE IST DAS LICHT

Viele Menschen begegnen den Aussagen der modernen Astronomie über das Weltall mit Mißtrauen. Woher will man denn wissen, woraus sich die Sterne zusammensetzen? Wie soll man die Entfernungen der Sterne bestimmen, wenn man sie doch nicht erreichen kann? Wer kann sich dafür verbürgen, was im Universum vor Jahrmilliarden geschah, gab es doch keine Augenzeugen!

Diese Fragen sind durchaus verständlich, solange man die Methoden der astronomischen Forschung nicht kennt. Die Astronomie arbeitet in vieler Hinsicht tatsächlich anders als die übrigen Naturwissenschaften. Uns allen ist z. B. geläufig, daß der Chemiker die Zusammensetzung einer Verbindung durch Experimente im Laboratorium bestimmt. Wir wissen, daß man Längen und somit auch Distanzen durch das Anlegen eines Maßstabs an das zu vermessende Objekt feststellt. Und was vor 100 Jahren geschah, davon berichten uns überlieferte Zeugnisse der damals lebenden Menschen oder auch direkte Relikte, die wir untersuchen können. Das alles ist in der Himmelskunde anders. Wenn wir einmal von den erst seit jüngster Vergangenheit möglichen Direkterkundungen einiger nahegelegener Himmelskörper absehen, ist uns das Weltall auch heute so unerreichbar fern wie seit jeher. Doch etwas verbindet uns auf dem kleinen Planeten Erde mit den fernsten Objekten des Universums: das Licht! Käme kein Licht von den Sternen zu uns, so könnten wir sie nicht sehen. Das Licht aber ist ein Bote – es trägt Nachrichten über seine Absender mit sich. Je länger sich die Menschen mit den Gestirnen beschäftigen, desto besser haben sie gelernt, die übermittelten Botschaften zu verstehen.

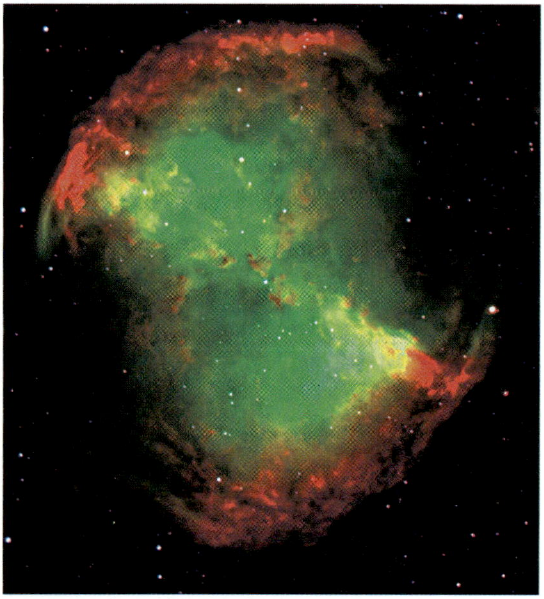

Schönheit des Weltalls: der Hantel-Nebel im Sternbild Füchschen, Überrest eines gealterten Sterns

Besonders seit dem 19. Jahrhundert wurde nach und nach immer deutlicher, daß wir es nicht nur mit Lichtstrahlung aus dem Kosmos zu tun haben, sondern ganz allgemein mit elektromagnetischen Wellen. Licht ist nur ein winziger Teil der elektromagnetischen Strahlung – jener Ausschnitt aus dem Gesamtspektrum, für den unser Auge empfänglich ist. Viel umfassender sind jene Bereiche der Strahlung, die sich jenseits des sichtbaren Lichts anschließen: Die Infrarotstrahlung (Wärmestrahlung) und der breite Bereich der Radiostrahlung sowie die Ultraviolettstrahlung bis zu der extrem kurzwelligen Röntgen- und Gammastrahlung. All diese Strahlungsarten bringen uns Kunde von den Vorgängen in unserem Universum.

In der klassischen Astronomie waren es die optischen Beobachtungen, aus denen wir alle Erkenntnisse über das Universum abgeleitet haben.

Sternpositionen

Die wichtigste Information, die wir dem Licht der Sterne zunächst entnehmen können, ist die Richtung seiner Herkunft. Damit können die ersten wichtigen Unterscheidungen zwischen Wandelsternen (Planeten) und Fixsternen getroffen werden – jenen Sternen, die sich binnen kurzer Zeit vor der Sternkulisse bewegen und der anderen viel größeren Gruppe, die scheinbar unverrückt feststehen. Bei den einen ändert sich die Herkunftsrichtung, bei den anderen nicht. Natürlich beruhen auch alle Informationen über die täglichen und jährlichen Veränderungen des Sternhimmels auf nichts anderem als dem Studium der Richtung des Lichts. Insofern gründen sich die ersten Weltbilder der Geschichte und ganz besonders das griechische Weltsystem, in dessen Zentrum seine Schöpfer die Erde sahen, auf Richtungsbeobachtungen.

Selbst die große Revolution des astronomischen Weltbildes, die Copernicus im

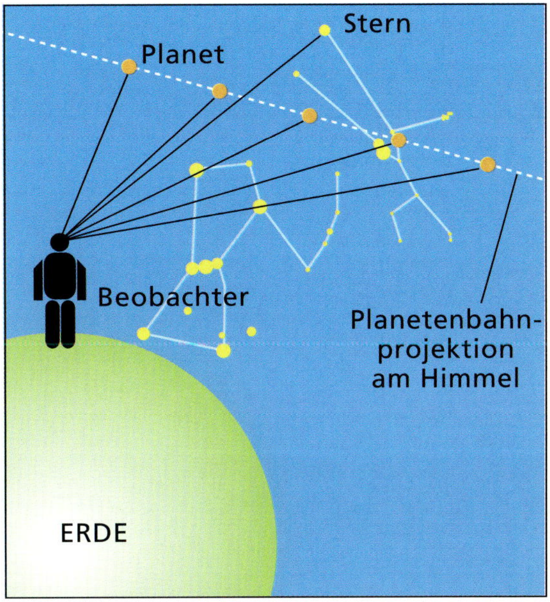

Während die Fixsterne ihre Position zueinander über sehr lange Zeit beibehalten, bewegen sich die Planeten vor der Kulisse des Fixsternhimmels rasch weiter.

Jahre 1543 herbeiführte, indem er die Sonne an die Stelle der Erde setzte und der Erde einen Platz unter den Planeten zuwies, kam aufgrund von Richtungsbeobachtungen zustande.

Bis in die Mitte des 19. Jahrhunderts blieb es dabei: Der Bote Licht berichtete über die Positionen der Sterne. Die Erkenntnisse, die man daraus abzuleiten verstand, waren jedoch äußerst umfassend. Die Bewegungsgesetze der Planeten, die Johannes Kepler fand, und das Gesetz der universellen Massenanziehung von Isaac Newton sind letztlich Früchte reiner Positionsbeobachtungen. Mit Hilfe dieser Gesetze gelang und gelingt es bis heute, die Bewegungen der Gestirne mit jener sprichwörtlichen Genauigkeit zu berechnen, die man der Astronomie zuschreibt: Die Vorhersage von Sonnen- und Mondfinsternissen gehören ebenso dazu, wie die Beschreibung der Bahnen von Doppelsternen oder die „Reiseroute" unserer eigenen Sonne durch das Sternsystem. Selbst die historisch erst spät gelungenen Bestimmungen von Sternentfernungen beruhen auf reinen Richtungsmessungen. Die Richtung des Lichts der Sterne verrät also sehr viel über das Universum. Dennoch wüßten wir wenig über das Weltall, wenn es nicht gelungen wäre, noch weitaus mehr an Informationen aus den Signalen der kosmischen Objekte abzulesen.

Die zweite wichtige Information, die der Lichtstrahl in sich birgt, besteht in den verschiedenen Helligkeiten der Objekte. Daß die Sonne ungleich viel heller strahlt als die Sterne, ist natürlich schon immer bekannt gewesen. Daß jedoch die Sterne unterschiedlich hell sind, konnte ebenfalls bei aufmerksamer Betrachtung des Himmels nicht verborgen bleiben. Schon die großen Astronomen des antiken Griechenland haben die verschiedenen Sternhelligkeiten bestimmten Größenklassen zugeordnet, ein System, das bis heute verwendet wird. Danach haben die hellsten Sterne des nächtlichen Himmels die Bezeichnung „Nullte Größenklasse" (einige wenige noch hellere Objekte bekommen sogar negative Zahlenwerte), die

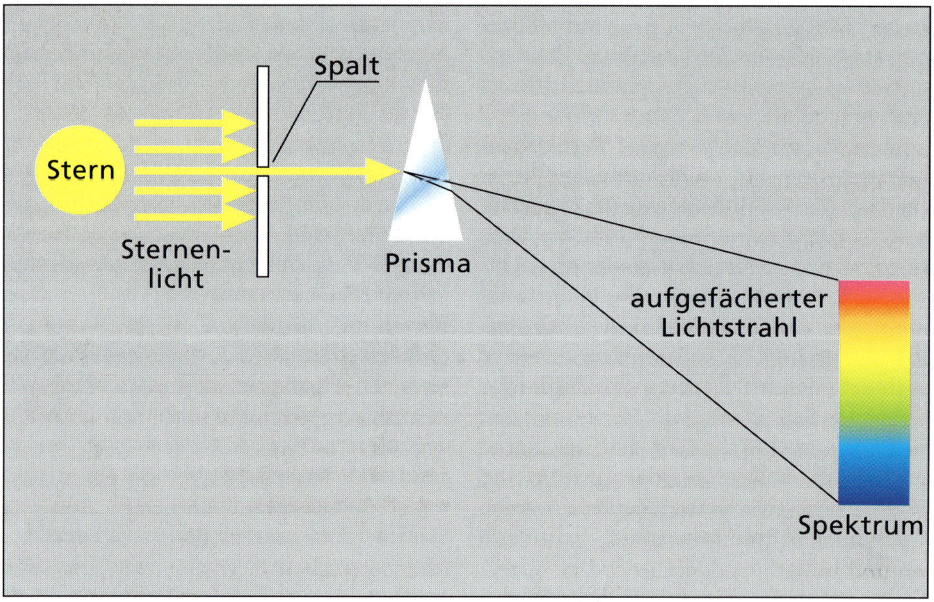

Das Grundprinzip der Spektralanalyse

schwächsten gerade noch mit dem bloßen Auge sichtbaren Sterne gehören zur „sechsten Größenklasse". Gemeint sind damit die Helligkeitseindrücke, die die Objekte im menschlichen Auge hervorrufen. Obwohl man sich in der Antike gelegentlich Gedanken über die unterschiedlichen Helligkeiten der Sterne und auch über die regelmäßig wechselnden Helligkeiten der Planeten gemacht hat, konnte man mit den Größenklassen noch recht wenig anfangen. Sie dienten mehr als Identifizierungshilfe von Sternen in den verschiedenen Sternbildern. Erst um die Mitte des 19. Jahrhunderts begann mit der Entstehung der Astrophysik eine völlig neue Ära der Forschung. Damals lernte man aufgrund fortgeschrittener physikalischer Erkenntnisse, aus den verschiedenen Sternhelligkeiten wesentliche Aussagen über die Natur der strahlenden Objekte selbst abzuleiten.

Zerlegtes Licht

Den größten Fortschritt auf dem Wege zur Erkenntnis des Wesens kosmischer Objekte brachte jedoch die Spektralanalyse. Dabei wird das von den Sternen kommende Licht durch Glasprismen zerlegt, wobei ein Spektrum des Lichts entsteht. Die einzelnen Farben, aus denen sich das Sternlicht zusammensetzt, werden unterschiedlich stark gebrochen und bilden deshalb das prismatische Farbenband (Spektrum). Das Spektrum eines leuchtenden Gases besteht aus farbigen hellen Linien, die je nach dem betreffenden Element an unterschiedlichen Stellen und in verschiedener Anordnung auftreten. So eröffnet die Spektralanalyse die Möglichkeit, das Vorkommen bestimmter chemischer Elemente auch aus der Distanz zu bestimmen. Schon erste Untersuchungen an Sternspektren zeigten,

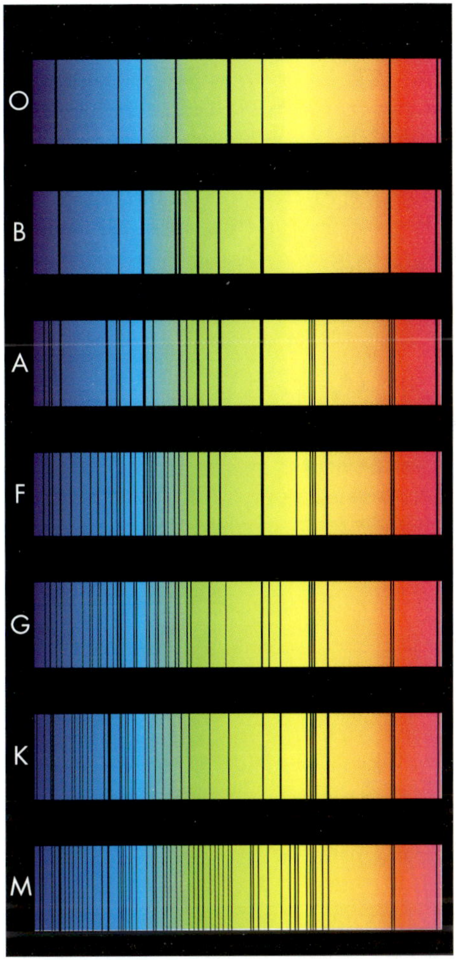

Die Spektralklassen der Sterne sind eine Art „Fingerabdruck". Jeder Stern besitzt ein ihm eigenes Spektrum. Die Klassifikation der Spektren ordnet diese nach äußeren Erscheinungsmerkmalen, die heute theoretisch begründet werden können.

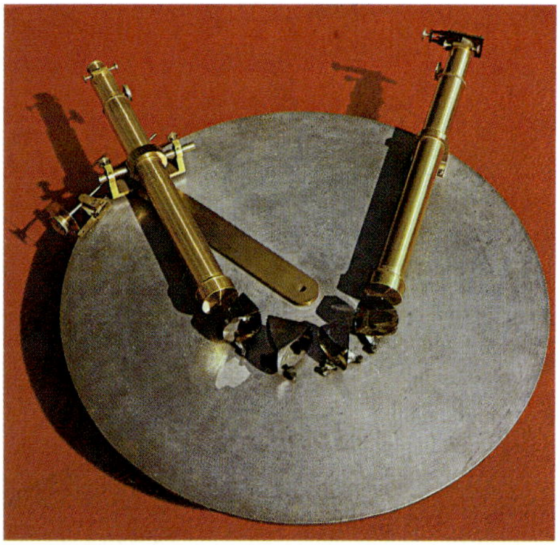

Original-Spektroskop, mit dem G. R. Kirchoff um die Mitte des 19. Jahrhunderts das Spektrum der Sonne untersuchte.

daß diese bei verschiedenen Sternen unterschiedlich aussehen. Als der italienische Forscher A. Secchi nach der Mitte des 19. Jahrhunderts die Spektren der Sterne nach ihrem Erscheinungsbild in drei Klassen einteilte, fand man bald heraus, daß diesen drei Arten von Spektren verschiedene Temperaturen der Sterne entsprachen, die eindeutig mit deren Farben zusammenhängen: die roten Sterne sind die kühlsten, die gelben von mittlerer Temperatur, die bläulich-weißen Sterne hingegen die heißesten. Warum dies allerdings so ist und wie die Einzelheiten in den Sternspektren mit den physikalischen Vorgängen in den Atmosphären der Sterne zusammenhängen, aus denen das Licht stammt, das wußte man zunächst noch nicht.

Eine andere wichtige Größe, die durch die Spektralanalyse zugänglich wurde, war die chemische Zusammensetzung der Sterne. Was selbst bedeutende Forscher noch im 19. Jahrhundert für ganz ausgeschlossen hielten, wurde dadurch möglich: Die chemische Analyse des Himmelskörpers, ungeachtet der enormen Entfernungen, die zwischen dem Forscher und dem Objekt der Forschung liegen. In den Spektren der Sterne findet man nämlich dunkle Linien in ganz bestimmter Anordnung und Stärke. Die Lage dieser Linien hängt – wie die beiden deutschen Forscher G. R. Kirchhoff und W. Bunsen zeigten – mit der chemischen Zusammensetzung in den Hüllen der Sterne zusammen.

Doch auch dies war noch nicht alles. Die Spektren führten schließlich sogar zum Studium von Bewegungsabläufen, die sonst auf keine Weise zu gewinnen waren. Das Zauberwort dieser Entwicklung heißt: Doppler-Effekt. Um das Jahr 1842 hatte der Physiker Ch. Doppler festgestellt, daß eine Schallquelle, die sich einem Beobachter nähert, einen scheinbar höheren Ton aussendet als in Wirklichkeit und bei Entfernung vom Beobachter einen etwas tieferen Ton. Dieser Effekt, den wir alle aus dem Alltag beim raschen Vorüberfahren eines Polizeiwagens mit Martinshorn kennen, existiert auch in der Optik: Eine weiße Lichtquelle erscheint uns etwas rötlicher, wenn sie sich mit genügend großer Geschwindigkeit von uns entfernt und etwas bläulicher, wenn sie auf den Beobachter zurast. Die Geschwindigkeit der Quelle läßt sich aus der Verschiebung der Spektrallinien zuverlässig bestimmen. Diese Möglichkeit ist die Grundlage vieler Erkenntnisse der modernen Astrophysik.

VOM SCHATTENSTAB ZUM RIESENSPIEGEL

Das einfachste und wohl älteste astronomische Beobachtungsinstrument ist der Schattenstab, auch Gnomon genannt. In den frühesten Tagen himmelskundlicher Studien wurde z. B. die tägliche Bewegung der Sonne mittels Gnomon verfolgt. Dabei zeigte sich, daß die Sonne stets im Süden den höchsten Stand über dem Horizont erreicht und deren Höhe jahreszeitlichen Schwankungen unterliegt. Als Zeitmeßinstrument, aber ebenso für die Erkenntnis der scheinbaren Sonnenbahn am Himmel, erwies sich der einfache senkrecht in den Boden gesteckte Stab als sehr nützlich. Auch mit anderen, vergleichsweise einfachen Peilinstrumenten erzielten die Astronomen früher erstaunliche Leistungen. Heute ist die moderne Astronomie ohne Fernrohr jedoch nicht mehr denkbar.

Etwa gleichzeitig wurden zu Beginn des 16. Jahrhunderts das Linsenfernrohr und das Spiegelteleskop erfunden und in die Astronomie eingeführt. Die Wirkungsweise des Linsenfernrohrs (Refraktor) beruht auf der Lichtbrechung in einem speziell geformten Glaskörper (Linse), der die Eigenschaft besitzt, parallel ankommende Lichtstrahlen von einem punktförmigen Objekt wieder in einen Punkt

DIE GRÖSSTEN SPIEGELTELESKOPE DER WELT

Sternwarte (Ort)	Durchmesser des Spiegels in cm	Jahr der Fertigstellung
Keck (Mauna Kea)	1000	1991
VLT (Chile)	4 x 800	1998 (1. Spiegel)
Selentschuk (Kaukasus)	600	1976
Mount Palomar (USA)	508	1948
Herschel-Teleskop (La Palma, Spanien)	457	1970
Interamerikanisches Observatorium (Cerro Tololo/Chile)	401	1970
Kitt Peak Observatorium (Arizona/USA)	401	1970
Anglo-Australisches Teleskop (Siding Spring/Australien)	189	1974
Mont Stromlo (Canberra/Australien)	381	1972
Europäische Südsternwarte (La Silla/Chile)	360	1975
United Kingdom Infrared Telescope (UKIRT) (Mauna Kea/Hawaii)	375	1979
Kanada-Frankreich-Hawaii-Teleskop (Hawaii)	366	1970
Deutsch-Spanisches Astronomiezentrum (Calar Alto/Spanien)	350	1984

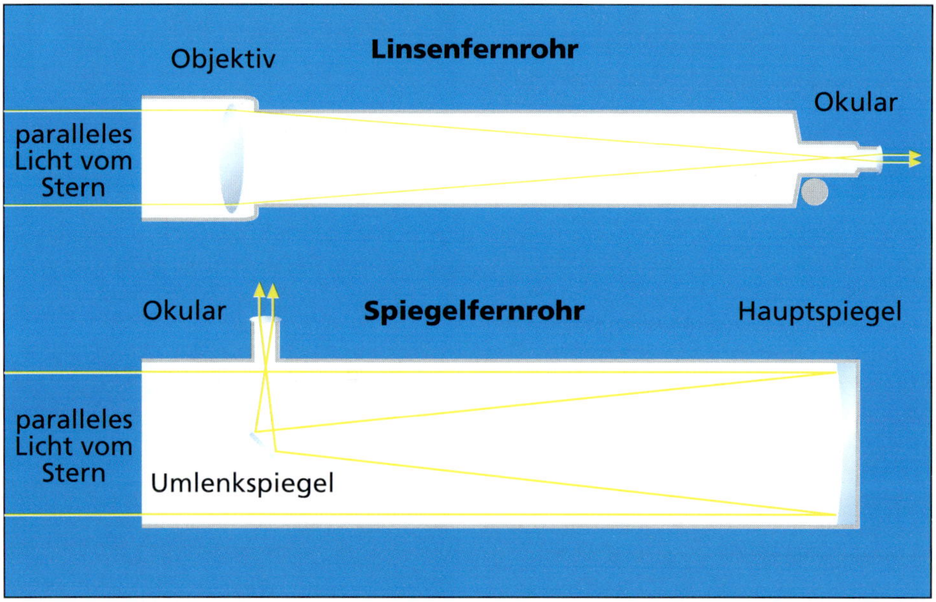

So entsteht die optische Abbildung in einem Linsenfernrohr (oben) und in einem Spiegelteleskop (unten).

zusammenzuführen. Man spricht von den Abbildungseigenschaften der Linsen. Beim Spiegelteleskop (Reflektor) entsteht das Bild des strahlenden Objektes hingegen durch Lichtspiegelung an einem speziell geformten Hohlspiegel.

Bereits mit den ersten Linsenfernrohren gelangen außerordentliche Entdeckungen. So fand G. Galilei im Jahre 1610, als er zum ersten Mal ein kleines Linsenfernrohr für astronomische Beobachtungen einsetzte, die vier hellsten Monde des Planeten Jupiter, die Phasen der Venus, die Flecken der Sonne und das Sterngewimmel der Milchstraße.

Was die Leistungsfähigkeit der beiden Fernrohrtypen anlangt, so entbrannte zwischen „Refraktoren" und „Reflektoren" in den folgenden Jahrhunderten ein förmlicher Wettlauf. Bald waren die Linsenfernrohre den Spiegelteleskopen überlegen, bald war es umgekehrt. Zunächst bestand der Hauptmangel der Linsenfernrohre in den Abbildungsfehlern, die durch die sphärischen Linsen, d. h. durch ihre gebogene Form, zustande kamen: Unscharfe Bilder mit Farbsäumen waren die Folge. Das Spiegelteleskop zeigte solche Nachteile nicht, da die Bilder ausschließlich durch Lichtspiegelung zustande kommen. Dabei erfolgt keine Farbzerlegung des Lichts. Doch dann wurden spezielle Objektive erfunden: Das Fernrohrobjektiv besteht aus zwei Einzelteilen, die aus Glas mit verschiedenen Brechungseigenschaften gefertigt sind.

Die Farbfehler der einen Hälfte des Objektivs werden durch die der anderen Hälfte aufgehoben. Dadurch werden die störenden Abbildungsfehler beseitigt.

Immer weiter, immer besser

Die aus Metallegierungen bestehenden Spiegel hingegen ärgerten die Astronomen nun durch ihre immer wieder blind werdenden Oberflächen. Dafür konnte man aber im Vergleich zu den Linsen wesentlich größere Spiegel herstellen. Das hatte zur Folge, daß Spiegelteleskope zu Anfang des 19. Jahrhunderts viel mehr Licht sammeln konnten als die Linsen. Deshalb konnte man mit ihnen auch weiter schauen als mit Linsenfernrohren. So verfügte z. B. der berühmte Astronom F. W. Herschel für seine Beobachtungen über ein Spiegelteleskop mit 1,2 m Spiegeldurchmesser. Doch nun holten auch die Linsenfernrohre dank verbesserter Verfahren der Herstellung großer homogener Glasblöcke wieder auf und immer größere Linsen kamen zum Einsatz. Gegen Ende des 19. Jahrhunderts entstand in den USA der Yerkes-Refraktor mit einem Objektiv von 1,02 m Durchmesser. Damit war jedoch eine prinzipielle Grenze erreicht, denn Linsen müssen stets am Rande gefaßt werden, damit das Licht hindurchtreten kann. Je schwerer aber die Glasblöcke wurden, um so stär-

Der Yerkes-Refraktor ist mit einem Objektivdurchmesser von 102 cm das größte Linsenfernrohr der Welt.

DIE GRÖSSTEN LINSENFERNROHRE DER WELT

Sternwarte (Ort)	Linsendurchmesser (in cm)	Baujahr
Yerkes-Observatorium (Williams Bay/USA)	102	1897
Lick-Observatorium (Kalifornien/USA)	91,4	1888
Meudon-Observatorium (Paris)	83,1	1893
Astrophysikalisches Observatorium (Potsdam)	81,3	1899
Allegheny-Observatorium (Pittsburgh/USA)	76,2	1914
Nizza-Observatorium (Frankreich)	76,2	1880

Mit diesem Teleskop (Spiegeldurchmesser 120 cm) untersuchte Herschel die Welt der fernen Nebel.

ker mußte man mit Verbiegungen rechnen, was wiederum zu Lasten der Abbildungsqualität ging. Solche Fragen spielten für die Spiegel keine Rolle. Da sie das Licht reflektieren, kann man sie von der Rückseite mechanisch vor Durchbiegung schützen. Als nun gegen Ende des 19. Jahrhunderts noch die Technologie der Oberflächenversilberung von Glasflächen erfunden wurde, verschwand auch das störende Phänomen der immer wiederkehrenden Erblindung. Spiegelteleskope traten den endgültigen Siegeszug in der beobachtenden Astronomie an. Viele weitere technische Fortschritte, vor allem der Einsatz von leichten Kunststoffen für die Spiegel, gestatteten den Bau immer größerer und damit weiterreichender Spiegelteleskope. Anfang der 20er Jahre unseres Jahrhunderts entstand in den USA der Hooker-Spiegel mit 2,5 m Durchmesser, 1949 das große 5-m-Spiegelteleskop auf dem Mount Palomar (Kalifornien, USA). Allein mit diesen beiden Instrumenten wurden in unserem Jahrhundert bahnbrechende Entdeckungen gemacht. Derzeit arbeiten viele multinational besetzte Sternwarten mit Refraktoren und Reflektoren in den klimatisch geeignetsten Gegenden der Welt, zumeist hoch über dem Meeresspiegel in den Bergregionen Spaniens, im Kaukasus, auf Hawaii oder in Chile. In Chile hat auch die Europäische Südsternwarte (European Southern Observatory – ESO) ihre Riesenteleskope aufgestellt, die von den Mitgliedsländern der Organisation, darunter auch Deutschland, betrieben werden. Viele klare Nächte und eine ungewöhnlich saubere und durchsichtige Luft bestimmen hier das „Astroklima“ – ganz im Gegensatz zu der bei uns üblichen Lichtverschmutzung. Das ehrgeizigste Projekt, das hier realisiert wird, ist das Very Large Telescope (VLT), das aus 4 Einzelinstrumenten mit je 8 m Spiegeldurchmesser besteht. Das erste dieser Teleskope ist im Sommer 1998 in Betrieb gegangen. Nach der Fertigstellung des VLT wird es so leistungsstark sein wie ein einzelnes 16-m-Teleskop.

Wenn von der Himmelsforschung unserer Zeit die Rede ist, dann darf auch die Zusatztechnik nicht vergessen werden, ohne die heute kein Teleskop mehr denkbar ist. Dabei ist die einstmals so wichtige fotografische Platte schon fast vollständig in den Hintergrund getreten gegenüber elektronenoptischen Bildwandlern mit digitaler Datenerfassung.

Das Very-Large-Teleskop in Chile – eine Ensemble von 4 Großteleskopen, dessen erstes bereits fertiggestellt ist. Die vier einzelnen Spiegel können später zu einem einzigen Teleskop kombiniert werden.

Der Astronom, der in einsamen Nächten hinter dem Okular eines Teleskopes sitzt und die „Wunder des Himmels“ betrachtet, gehört der Vergangenheit an. Realistischer ist da schon der Physiker vor dem Bildschirm in Garching bei München, der gerade die Datenflut analysiert, die nach seinen Vorgaben in der vergangenen Nacht im fernen Chile gesammelt wurde, ohne daß er selbst dort anwesend sein mußte.

Doch aus dem Universum kommt nicht nur die unseren Augen zugängliche Lichtstrahlung; die Objekte im Weltraum strahlen auch Radiowellen, Röntgenstrahlung, Wärmestrahlung und andere sogenannte elektromagnetische Wellen ab. Deshalb erhalten wir wichtige Informationen durch Instrumente, die diese Strahlungsarten zu empfangen vermögen. Der historisch früheste Typ solcher völlig neuartigen Fernrohre war das Radioteleskop. Heute sind die Ergebnisse der „Radioastronomie“, die sich speziell mit den kosmischen Signalen im radiofrequenten Bereich des elektromagnetischen Spektrums beschäftigt, aus dem Bild unseres Wissens über das Weltall nicht mehr wegzudenken. Hinzu kommen spezielle Empfänger im Bereich der Wärmestrahlung sowie der Gamma- und Röntgenstrahlung. Schließlich stammen wichtige Informationen auch aus der Untersuchung von elektrisch geladenen Teilchen aus dem Kosmos. Und am Horizont zeichnet sich ein völlig neues „Fenster“ in das Universum ab: die Gravitationswellenastronomie.

EMPFANG AUF ALLEN KANÄLEN

Jahrtausende hindurch haben wir den Himmel nur mit unseren Augen betrachtet und alle Erkenntnisse über das Weltall daraus abgeleitet. Auch die Erfindung des Fernrohrs hat an dieser Tatsache nichts geändert, denn selbst mit den leistungsfähigsten Teleskopen war uns das Universum nur in jenem Bereich der Strahlung zugänglich, für den das menschliche Auge empfänglich ist.

Seit wir durch die Forschungen der Physiker das gesamte Spektrum der elektromagnetischen Wellen kennen, wissen wir jedoch, daß der sichtbare Bereich nur einen winzigen Ausschnitt daraus darstellt. Die Natur hat es so eingerichtet, daß unser Auge für diesen Teil der Strahlung empfindlich ist. Im Laufe der Evolution haben wir uns an die Strahlung der Sonne angepaßt, denn so können wir uns auf unserem Planeten am besten zurechtfinden.

Doch wenn es um die Informationen geht, die kosmische Objekte in das Universum abstrahlen, dann gleicht die Astronomie der Lichtwellen einem Blick durchs Schlüsselloch, der bestenfalls eine Ahnung der Wirklichkeit ermöglicht. Daß die Natur uns zu einer derart eingeengten Perspektive zwang, wurde erst nach und nach deutlich. Zunächst wurde im 19. Jahrhundert erkannt, daß unmittelbar im Anschluß an den Bereich der sichtbaren (optischen) Strahlung zu kürzeren Wellenlängen die ultraviolette und zu längeren Wellenlängen die infrarote Strahlung existiert. Erst die weitere physikalische Forschung machte deutlich, daß sich das Spektrum der elektromagnetischen Strahlung auf der einen Seite bis zu extrem langen Radiowellen und auf der anderen Seite bis zu extrem kurzen Gammawellen erstreckt. Der Bereich der vorkommenden Wellenlängen beginnt bei einigen tausend Kilometern, und er endet bei ungefähr 10^{-14} Metern (= 0,00000000000001 m). Doch diese Erkenntnis bedeutete noch keineswegs, daß die in den verschiedenen Strahlungsarten verborgenen Informationen für die Astronomie auch zugänglich waren.

Der größte Teil der elektromagnetischen Strahlung wird nämlich von der irdischen Atmosphäre zurückgehalten. Lediglich ein breites „Radiofenster" läßt langwellige Strahlen bis zum Boden des

METER – MILLIMETER – NANOMETER

Ein Dezimeter	1/10 m	0,1 m	10^{-1} m
Ein Millimeter	1/1000 m	0,001 m	10^{-3} m
Ein Nanometer	1/1 000 000 000 m	0,000000001 m	10^{-9} m

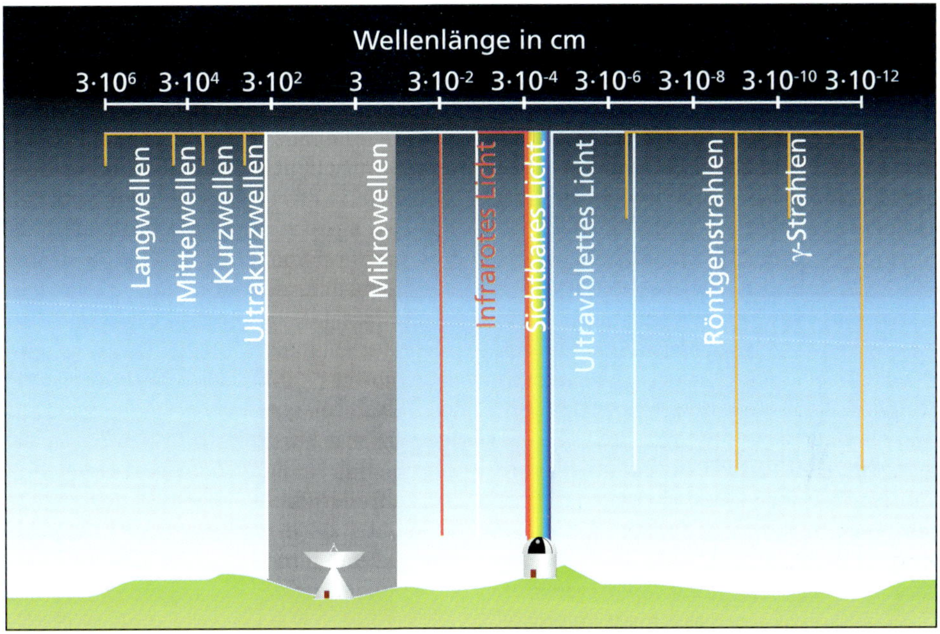

Die Durchlässigkeit der irdischen Atmosphäre für die verschiedenen Strahlungsarten des elektromagnetischen Spektrums ist sehr unterschiedlich. Auf der Höhe des Meeresspiegels können wir lediglich das sichtbare Licht und einen Teil der Radiowellen empfangen.

Luftmeeres durchdringen; daneben existiert nur noch das schon erwähnte „optische Fenster“, dem wir Menschen den Anblick des Sternhimmels verdanken. Das optische Fenster umfaßt den Wellenlängenbereich von 400 bis 800 nm, während im Radiofenster elektromagnetische Wellen, deren Wellenlängen von wenigen Millimetern bis etwa 15 m reichen, auf die Erdoberfläche gelangen. Die kurzwellige Strahlung jenseits des blauen Lichts wird durch das Ozon der irdischen Atmosphäre verschluckt, während die Ausbreitung der längeren Wellen jenseits des roten Lichts vor allem durch die Moleküle von Wasserdampf und Kohlendioxid zurückgehalten werden.

Beginnen wir mit der Radioastronomie, dem ersten Zweig der nichtoptischen Sternkunde, der sich erfolgreich entwickelte. Sie begann mit dem erstmaligen Nachweis von Radiostrahlung aus dem Weltall durch Karl Guthe Jansky im Jahre 1932. Heute sind Radioteleskope mit ihren charakteristischen metallischen Parabolspiegeln weltweit verbreitet. Das größte bewegliche Radioteleskop mit einem Spiegeldurchmesser von 100 m befindet sich auf dem Effelsberg (Eiffel) in Deutschland. Das größte feststehende

Radioteleskop mißt 300 m Spiegeldurchmesser. Es liegt in einem gewaltigen Talkessel in Puerto Rico. Wir werden in diesem Buch immer wieder von den Erfolgen der Radioastronomie hören und so die Unentbehrlichkeit dieses Zweiges der modernen Forschung ermessen können.

Auch die Wellenlängenbereiche der kurzwelligen Strahlung werden heute lückenlos erfaßt. Dazu waren jedoch besondere technische Voraussetzungen erforderlich. Bevor man nämlich in der Lage war, die Meßgeräte (Detektoren) für Röntgen- und Gammastrahlung in große Höhen der Erdatmosphäre zu transportieren, konnte es keine Röntgen- und Gammaastronomie geben! Die Entwicklung der Raumfahrt ist deshalb für die Ausschöpfung der Informationen im Bereich extrem kurzwelliger Strahlung von ausschlaggebender Bedeutung gewesen. Erste Anfänge der Röntgenastronomie sind allerdings schon durch hochfliegende Ballone und Raketen vor etwa 50 Jahren gelungen. Doch als das amerikanische Mondlandeprogramm Apollo vorbereitet wurde, stieß die Forschung 1962 rein zufällig auf die große Bedeutung einer künftigen speziellen Röntgen- und Gammaastronomie: Durch Versagen eines Lageregelungssystems streifte der in der Spitze einer Höhenrakete angebrachte Röntgenstrahlendetektor eine Quelle, die offensichtlich intensive Röntgenstrahlung aussendete. Da sie im Sternbild Skorpion lag, erhielt die Quelle die Bezeichnung „Sco X-1". Jahre später gelang der Nachweis eines sehr lichtschwachen Sterns am Ort dieser Quelle. Dabei zeigte sich, daß Sco X-1 im Bereich der Röntgenstrahlung 1000mal mehr Energie aussendet als im Bereich des sichtbaren Lichts. Das war eine erstaunliche Erkenntnis. Unsere Sonne sendet nämlich ebenfalls im Röntgenwellenbereich – nur beträgt der Energieanteil lediglich ein Millionstel ihrer sonstigen Strahlung. Sco X-1 war offensichtlich der erste Vertreter einer neuen Objektklasse, der sogenannten Röntgensterne. Damit war ein neuer Zweig der nichtoptischen Beobachtung des Weltalls geboren, die Röntgenastronomie. Zahlreiche Spezialsatelliten mit Nachweisgeräten für Röntgenstrahlung an Bord wurden ab 1970 gestartet. Der bisher erfolgreichste war zweifellos ROSAT, der deutsch-britisch-amerikanische Satellit, der 1990 gestartet und mit einem Röntgenteleskop von 83 cm Öffnung ausgestattet wurde. Nur mit einem Trick können die Röntgenstrahlen reflektiert werden. Für ROSAT wurden die glattesten Spiegel aller Zeiten hergestellt. Die von ROSAT vorgenommene Himmelsdurchmusterung erfaßte insgesamt rund 60 000 Röntgenquellen. Ein Nachfolgesatellit ist geplant.

Teilchenstrahlen aus dem All

Seit dem Jahre 1913 wissen wir, daß uns aus dem Weltall auch winzige Teilchen erreichen, die wir unter dem Sammelbegriff „Kosmische Höhenstrahlung" zusammenfassen. Der Einsatz von Ballonen, Höhenraketen und Satelliten machte allerdings deutlich, daß die ursprünglichen Korpuskeln aus dem Universum in den Labors auf der Erde nicht nachgewiesen werden können, weil sie bei ihrem Weg durch die Atmosphäre unseres Planeten mannigfache Veränderungen erfahren. Deshalb empfangen wir am Boden der Lufthülle nur noch die sogenannte Sekundärstrahlung. Die Primärstrahlung hingegen ist der direkte Bote von fernen Welten. Sie kann außerhalb unserer Atmosphäre mit Meßapparaturen an Bord von Raketen oder Satelliten erfaßt werden. Die Analyse solcher Messungen zeigt, daß es sich bei den gefundenen Teilchen der primären kosmischen Strahlung hauptsächlich um Wasserstoffatomkerne (oder Protonen) und Heliumatomkerne handelt. Das Verhältnis beider entspricht recht genau der allgemeinen kosmischen Elementehäufigkeit. Nur zwei Prozent der Teilchen sind schwereren Elementen zuzuordnen. Neben diesen Partikeln kommen auch die leichteren elektrisch negativ bzw. positiv geladenen Elektronen und Positronen vor, allerdings wesentlich weniger häufig. Die Teilchen der kosmischen Primärstrahlung verfügen über erstaunliche Geschwindigkeiten. Kein irdischer Teilchenbeschleuniger vermag irgendwelchen Teilchen derartig hohe Energien zu verleihen, wie sie die Partikel der Höhenstrahlung mit sich tragen. Damit erhebt sich die Frage: Woher kommen diese Teilchen und auf welche Weise haben sie ihre hohen Energien erhalten? Welche Botschaften über das Universum vermögen sie uns zu übermitteln? Die kosmische Primärstrahlung ist damit eines der Informationsfenster ins Weltall.

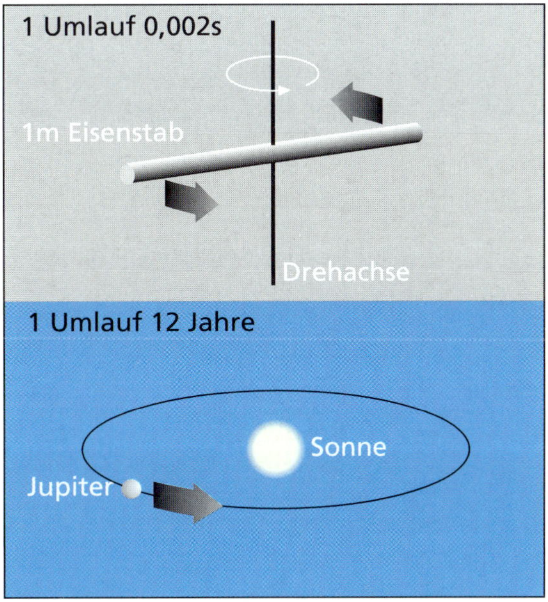

Ein rasch rotierender Eisenstab oder ein massereicher Körper, der einen anderen umkreist, sind nach Einstein Gravitationswellensender.

Schwerewellen berichten

Als Albert Einstein im Jahre 1916 seine Allgemeine Relativitätstheorie veröffentlichte, zählte zu den zahlreichen merkwürdigen Konsequenzen dieser Theorie auch die Existenz einer neuen Art von Wellen, die nichts mit der elektromagnetischen Strahlung zu tun haben: die Schwerewellen (oder Gravitationswellen). Eine elektromagnetische Welle entsteht, wenn eine elektrische Ladung bewegt wird und dadurch eine Störung des elektrischen Feldes hervorruft. Werden nun Massen rasch bewegt, so breitet sich eine Störung des Schwerefeldes aus und eilt mit Lichtgeschwindigkeit durch den Raum. Dies ist eine Schwerewelle.

Allerdings sind die abgestrahlten Leistungen extrem klein. Einstein selbst berechnete z. B. die Leistung der Schwerewellenstrahlung, die von einem 1 m langen

Das erdumkreisende Hubble-Space-Teleskop, aus dem Space-Shuttle heraus aufgenommen

und 1 kg schweren Eisenstab ausgeht, der sich 20mal je Sekunde um seine Achse dreht. Das Ergebnis: 10^{-42} Watt. Deshalb war man auch lange davon überzeugt, daß Schwerewellen ein zwar existierendes, aber für die Praxis unbedeutendes und letztlich nicht nachweisbares Phänomen darstellen. Doch die Erkenntnisse über die Objekte im Weltall ebenso wie die Entwicklung der Meßtechnik haben die Experten inzwischen davon überzeugt, daß Schwerewellen in der näheren Zukunft ein neues „Fenster" ins Universum öffnen werden, d. h. eine weitere Quelle zur Gewinnung von Informationen über kosmische Objekte. Indirekt sind Gravitationswellen sogar schon nachgewiesen worden: Bei einem speziellen Doppelsternsystem mit extremer Dichte der beiden einander umlaufenden Sterne konnte man eine Verkleinerung der Umlaufperiode von 1/10 000 Sekunde pro Jahr feststellen. Dieser Betrag erklärt sich aus dem Energieverlust durch Abstrahlung von Gravitationswellen. In zahlreichen Ländern wird gegenwärtig intensiv an geeigneten Detektoren für den sicheren Nachweis und für die Messung von Schwerewellen gearbeitet. Solche neuartigen „Fernrohre", die natürlich mit herkömmlichen Teleskopen schon rein äußerlich nichts zu tun haben, werden gewiß zum künftigen Arsenal der astronomischen Beobachtungstechnik gehören.

Teleskope im All

Wie wir erfahren haben, stellt die Erdatmosphäre für astronomische Beobachtungen eine außerordentliche Behinderung dar. Sie verschluckt einen großen Teil der informationstragenden Wellenlängenbereiche, macht aber die astronomischen Beobachtungen außerdem auch noch tageszeiten- und wetterabhängig. Die ideale Beobachtungsplattform ist deshalb außerhalb der Erdatmosphäre. In klarer Erkenntnis dieser Situation wurde nach etlichen kleineren Vorläufern das Hubble-Space-Telekop (HST) 1990 mit einem Space Shuttle in eine Erdumlaufbahn gebracht. Das Teleskop verfügt über einen Hauptspiegel von 2,4 m Durchmesser und zahlreiche Zusatzinstrumente wie Geräte zur Untersuchung von Spektren, Helligkeitsmeßapparate u. a. Obwohl der Hauptspiegel im Vergleich zu den heutigen erdgebundenen Teleskopen eher klein anmutet, ist es mit seiner Hilfe dank des völlig störungsfreien Empfangs der Signale doch möglich, mehr Informationen zu erhalten als mit jedem anderen Fernrohr unserer Zeit. Entfernteste Objekte können mit höchster Auflösung beobachtet werden, ihr Licht wird so detailliert untersucht, wie es sonst nicht möglich wäre. Das Teleskop ersetzt zwar nicht die großen Sternwarten auf unserem Planeten, stellt aber im Verbund mit den Ergebnissen der erdgebundenen Astronomie eine Erweiterung und Bereicherung der Möglichkeiten dar, die kaum zu überschätzen ist. Mit dem Hubble-Space-Teleskop sind in den vergangenen knapp 10 Jahren wahrhaft sensationelle Ergebnisse gewonnen worden, die einen gewaltigen Erkenntnisfortschritt darstellen. Deshalb werden wir auch in diesem Buch immer wieder Fotos begegnen, die mit dem Hubble-Space-Teleskop aufgenommen wurden.

Wissen wir jetzt, wie der Astronom zu den Resultaten seiner Forschung gelangt? Noch nicht ganz!

OHNE THEORIEN KEINE ERKENNTNIS

Einstein brauchte für seine bahnbrechenden Entdeckungen nur die Rückseite einer Fahrkarte, und Copernicus hat nie durch ein Fernrohr geschaut, weil es zu seiner Zeit noch gar nicht erfunden war. Die Hälfte aller bedeutenden Entdeckungen der modernen Astronomie geht auf das Konto von Theoretikern!

In der Tat muß jede astronomische Beobachtung geplant und nach ihrer Durchführung ausgewertet werden. Bei der Planung einer Beobachtung sind stets geistige Prozesse im Spiel, die einerseits auf dem beruhen, was bereits bekannt ist und dem Ziel dienen, durch zweckmäßige Fragestellungen an die Natur die Grenzen des Bekannten zu überschreiten. Dabei fließen theoretische Konzepte und Vorstellungen mit ein, deren sich der einzelne Forscher nicht einmal immer bewußt sein muß.

Der berühmte britische Gelehrte Sir Arthur Eddington hat dies einmal überzeugend erläutert, indem er darauf hinwies, daß es gar keine reinen Beobachtungstatsachen über die Himmelskörper gäbe: „Astronomische Messungen sind ausnahmslos Messungen von Erscheinungen, die sich in einer irdischen Sternwarte ... abspielen; nur die Theorie übersetzt sie in Erkenntnisse von einem Universum da draußen." Schon die einfachste Ortsangabe eines Sterns geht unbewußt davon aus, daß sich der Lichtstrahl geradlinig ausbreitet. Wir müssen also die Tatsache akzeptieren, daß die Beobachtungstechnik, wie hochentwickelt sie immer auch sein mag, selbst noch keine wirklich neuen Fakten liefert, sondern nur neue Möglichkeiten eröffnet. Was die Informationen, die wir mit dieser Technik gewinnen, über die Wirklichkeit aussagen, das kann nur im Rahmen einer bestimmten Theorie beantwortet werden. Natürlich muß diese Theorie die Wirklichkeit auch richtig widerspiegeln, sonst interpretieren wir die gewonnenen Beobachtungsergebnisse falsch. Und wie können wir wissen, ob die Theorie in diesem Sinne „brauchbar" ist? Das kann nur im irdischen Laboratorium entschieden werden. Um ein Beispiel zu nennen: Wenn wir durch chemische Analyse im Laboratorium die Gewißheit haben, daß wir Natriumdampf zum Leuchten bringen und nicht irgendeine andere Verbindung, erst dann können wir die im Spektrum dieser Quelle auftretenden Linien tatsächlich dem Natrium zuordnen. Finden wir diese Linien im Spektrum ferner Sterne, so schließen wir mit Berechtigung, daß dort ebenfalls Natrium vorhanden ist. Natürlich nur unter einer anderen, keineswegs selbstverständlichen Voraussetzung: Daß nämlich die Gesetze, die im irdischen Laboratorium gelten, auch im Universum das Geschehen bestimmen und nicht etwa ganz andere Zusammenhänge, die im Spektrum ebenfalls Linien am selben Ort erscheinen lassen, aber keinen Schluß auf das Vorkommen von Natrium zulassen würden.

Die Sprache der Theorien ist die Mathematik. Das moderne Hilfsmittel, um mathematische Formulierungen von Theorien auf reale Objekte anzuwenden, ist die Rechentechnik. Insofern wäre es falsch, in den Teleskopen der Astronomie allein schon das Arsenal zu erblicken, mit dem Erkenntnisse gewonnen werden. Die heutzutage hochkomplizierten und meist völlig unanschaulichen Theorien gehören ebenso dazu, wie die Computertechnik, die diese Theorien handhabbar macht. Wissenschaft ist menschliche Arbeit zur Erkenntnis der Wahrheit. Die allumfassende, unumstößliche, endgültige Wahrheit über die Realität kann dabei aber wahrscheinlich nie gefunden werden. Es finden immer nur Annäherungen an die Wahrheit statt. Moderne Theorien über das Universum sind in diesem Sinne näher an der Wahrheit als ältere Theorien, die aufgrund neuer Erkenntnisse verworfen werden mußten. So ist z. B. die Newtonsche Physik eine zutreffende (wahre) Beschreibung für himmelsmechanische Vorgänge, wenn Geschwindigkeiten eine Rolle spielen, die klein sind im Vergleich zur Lichtgeschwindigkeit. Kommen aber Geschwindigkeiten ins Spiel, die sehr viel größer sind, dann erweist sich die Newtonsche Physik als „weniger wahr“ im Vergleich zur Physik Albert Einsteins.

DAS SONNENSYSTEM

DIE SONNE UND IHRE PLANETEN

Das Sonnensystem ist unsere nähere kosmische Heimat. Zu ihm gehören neben unserer Sonne alle Planeten, die Monde der Planeten, aber auch zahlreiche kleinere Körper wie Kometen, Kleinplaneten und Meteoride bis hin zu Mikroteilchen sowie Gas und Staub. Vieles davon können wir mit dem bloßen Auge sehen, besonders die meisten der großen Planeten, anderes nur mit Fernrohren unterschiedlicher Leistungsfähigkeit.

Entfernungen gibt man in der Astronomie lediglich bei den allernächsten Objekten in den uns gewohnten Kilometern an. Für weiter entfernte Objekte werden die Zahlen unsinnig groß. Deshalb verwendet man innerhalb des Sonnensystems den mittleren Abstand der Erde von der Sonne als Maß und nennt es die „Astronomische Einheit", kurz AE. Sie beträgt rund 150 Millionen Kilometer. Das Sonnensystem hat einen Durchmesser von etwa 150 000 Astronomischen Einheiten.

Fast die gesamte Masse des Planetensystems ist in der Sonne konzentriert. Sie verfügt etwa über tausendmal soviel an Masse wie alle Planeten zusammengenommen. Die Planeten bewegen sich alle nahezu in einer Ebene, der sogenannten Ekliptik, in fast kreisförmigen Bahnen um die Sonne. Dabei benötigen sie für einen Umlauf um so mehr Zeit, je weiter sie von der Sonne entfernt stehen. So vollendet z. B. der sonnennächste Planet, der Merkur, einen Umlauf in etwa einem Vierteljahr, während der sonnenfernste Planet, der Pluto, dafür rund 250 Jahre benötigt. Die Bewegungen der Planeten vollziehen sich nach den Gesetzen der Himmelsmechanik und können genauestens berechnet werden. Die Grundlage der Himmelsmechanik ist das Allgemeine Gesetz der Massenanziehung (Gravitationsgesetz). Danach übt jede Masse auf eine andere eine Kraft aus, deren Betrag sich aus den beteiligten Massen und ihrem gegenseitigen Abstand berechnen läßt.

DIE BEWEGUNG DER PLANETEN IN ZAHLEN

Planet	r in AE	T_u in Jahren	T in Tagen
Merkur	0,39	0,24	58,625
Venus	0,72	0,62	243,02 (rückläufig)
Erde	1,00	1,00	0,997
Mars	1,52	1,88	1,026
Jupiter	5,20	11,86	0,41
Saturn	9,52	29,46	0,445
Uranus	19,21	84,02	ca. 0,72 (rückläufig)
Neptun	30,06	164,79	ca. 0,67
Pluto	39,4	247,7	ca. 6,4

r mittlere Entfernung des Planeten von der Sonne
T_u siderische , d. h. auf den Sternenhintergrund bezogene Umlaufzeit der Planeten um die Sonne in Jahren
T siderische Rotationszeit der Planeten in Sonnentagen

Sonne
Merkur
Venus
Mars
Erde
Jupiter
Saturn
Uranus
Neptun
Pluto

Linke Seite: Unser Sonnensystem im Überblick; auf kreisähnlichen Bahnen bewegen sich die Planeten annähernd in einer Ebene um die Sonne.

Jetzt wollen wir nacheinander die verschiedenen Mitglieder des Sonnenystems kennenlernen. Am Anfang unserer Betrachtungen werden wir jedesmal auf die mögliche Beobachtung mit dem bloßen Auge eingehen, sofern sie besteht.
Beginnen wir mit dem gewaltigen Zentralgestirn Sonne, das nicht nur die Planeten und anderen Himmelskörper in ihrem Lauf beherrscht, sondern auch das Leben auf der Erde hervorgebracht hat und für seine Erhaltung unabdingbar ist.

EINIGE PHYSIKALISCHE DATEN FÜR DIE PLANETEN UNSERES SONNENSYSTEMS

Planet	Äquatorradius R in 10^3 km	Verhältnis der Planetenmasse zur Masse der Erde	Mittlere Dichte ρ in $g \cdot cm^{-3}$
Merkur	2,44	0,056	5,43
Venus	6,05	0,815	5,24
Erde	6,37	1,000	5,52
Mars	3,4	0,108	3,93
Jupiter	71,4	317,9	1,33
Saturn	60,3	95,14	0,69
Uranus	25,6	14,54	1,24
Neptun	24,8	17,15	1,60
Pluto	1,15	0,002	2,0

SONNE

Die außerordentliche Bedeutung der Sonne ist von alters her bekannt und führte bei fast allen Kulturvölkern zur Verehrung des Tagesgestirns. In Regionen mit wechselnden Jahreszeiten bangten die Menschen vor allem, wenn die Mittagshöhe der Sonne immer geringer wurde, konnte sie doch vielleicht eines Tages ganz verschwinden und damit alles Leben auslöschen. Deshalb wurde der Tag der Wintersonnenwende, des Tiefststandes der Sonne mit dem sich anschließenden Wiederaufstieg, von zahlreichen Kulthandlungen begleitet, die sich heute noch in unserem christlichen Weihnachtsfest wiederfinden.

Doch woher kam die Sonne, wie war sie beschaffen und wie vollzog sich der Wechsel der Tages- und Jahreszeiten? Darauf wußte man keine Antwort. Aus dem Bedürfnis heraus, die vielen unverständlichen Vorgänge zu erklären, entstanden bei allen alten Kulturvölkern zahlreiche Mythen, in denen zumeist höhere Wesen die Dinge der Natur steuerten und dadurch den Menschen ihren Willen kundtaten. Bei den Ägyptern wurde die Sonnenverehrung unter der Regierung des Königs Echnaton im 2. Jahrtausend v. Chr. sogar zur Staatsreli-

Sonnenanbetung im alten Ägypten. Echnaton und seine Frau Nofretete opfern der Sonne.

gion. Für die Ägypter wurde der Himmel vom Leib der Göttin Nut überspannt. Morgens gebar sie die Sonne, die dann das Firmament betrat, um abends von der Göttin wieder verschlungen zu werden. Bei den Griechen lenkte der jugendkräftige Sonnengott Helios ein Viergespann feuriger Sonnenrosse über das Himmelszelt.

Zwar war es mit dem Aufkommen der Himmelsmechanik im 17. Jahrhundert möglich geworden, die Masse der Sonne zu bestimmen, doch erst die Entdeckung der Spektralanalyse im 19. Jahrhundert führte zu ersten wirklich wissenschaftlichen Sonnentheorien. Das durch Prismen zerlegte Licht der Sonne zeigte nämlich zahlreiche dunkle Linien, die einen Beweis dafür darstellten, daß die Sonne in ihrem Inneren wesentlich heißer sein mußte als in der äußeren Hülle. Außerdem konnte man aus der Lage der Linien die chemische Zusammensetzung der Sonnenhülle erschließen. Heute wissen wir, daß die Sonne ein riesiger heißer Gasball ist und damit der Prototyp eines Sterns, wie wir sie zu Tausenden mit dem bloßen Auge in einer sternklaren Nacht am Himmel sehen können.

Völlig unerklärlich erschien lange Zeit die Herkunft der Sonnenenergie. Erst in den 30er Jahren des 20. Jahrhunderts gelang es unter Anwendung von Erkenntnissen der Atomphysik, die Sonne als einen Fusionsofen zu identifizieren, in dessen Innerem hauptsächlich Wasserstoff zu Helium verschmilzt, wodurch die gewaltigen Energiemengen freigesetzt werden, die unsere Sonne ständig abstrahlt.

SONNE IN ZAHLEN

Alter (Jahre)	ca. $5 \cdot 10^9$
Masse (kg)	$2 \cdot 10^{30}$
Radius (km)	700 000
mittlere Dichte (g/cm^3)	1,41
chemische Zusammensetzung	73 % H, 25 % He
Rotation (Tage)	25,4
Temperatur	
– im Sonneninneren	ca. $16 \cdot 10^6$ K
– an der Sonnenoberfläche	ca. 6 000 K

Glühende Gase und ihre Wirkungen

Die Sonne hat einen Durchmesser von 1,392 Millionen Kilometer (das entspricht dem 109fachen Erddurchmesser) und die 330 000fache Masse der Erde. Somit liegt die mittlere Dichte der Sonnenmaterie bei 1,4 g/cm³ – nur wenig mehr als die Dichte des Wassers (1,0 g/cm³). Ein Würfel Sonnenmaterie von einem Zentimeter Kantenlänge enthält also nur 1,4 g. Die Oberflächentemperatur der Sonne beträgt knapp 6 000 °C, die Temperatur im Sonneninnern etwa 16 Millionen °C. Damit ist die Sonne eine heißglühende Gaskugel – selbstverständlich ohne feste Oberfläche. Die Sonne rotiert in rund 25 Tagen einmal um ihre Achse. Da die Sonne kein fester Körper ist, unterschei-

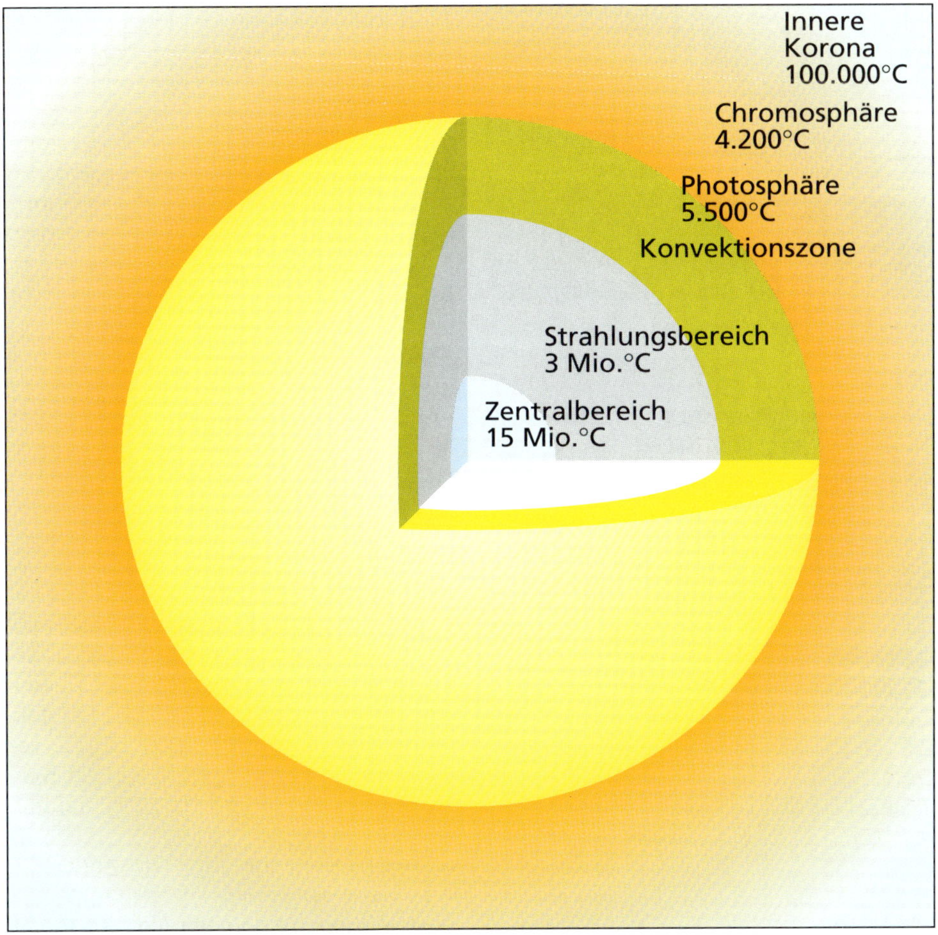

Der Aufbau unserer Sonne

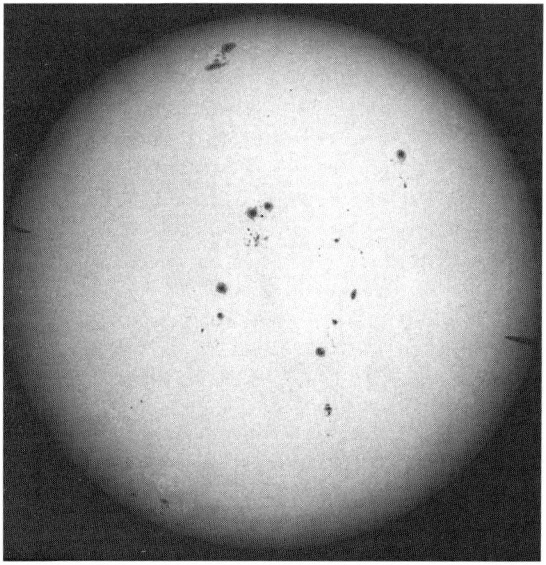

Anblick der Sonne mit Flecken im Fernrohr

det sich die Rotationsdauer, je nachdem ob es sich um ein Gebiet am Äquator oder andere Gebiete unterschiedlicher Breite handelt.

Das Licht, das wir von der Sonne empfangen, stammt aus einer vergleichsweise dünnen oberflächennahen Schicht, die nur etwa 200 km dick ist und als Photosphäre bezeichnet wird. Tiefer als 200 km können wir also nicht in die Sonne hineinblicken. Alle Aussagen über das Innere der Sonne und damit den überwiegend größten Teil dieses gewaltigen Gestirns verdanken wir Überlegungen, die sich aus den Gesetzen der Physik ergeben.

Wenn wir die Sonne in einem Fernrohr betrachten, können wir einige interessante Phänomene wahrnehmen, die mit den Vorgängen im Sonneninneren zu tun haben. Allerdings darf man die Sonne nie ohne besondere Schutzfilter betrachten, die man z. B. als Spezialfolien oder -brillen erwerben kann. Für Fernrohre werden wirksame Filter angeboten, die vor das Objektiv angebracht werden. So beobachten wir z. B. dunkle mehr oder weniger ausgedehnte strukturierte Gebiete, die wir als Sonnenflecken bezeichnen. Sie sind aber nicht jederzeit in gleicher Häufigkeit anzutreffen. Vielmehr kann es geschehen, daß die Sonnenoberfläche extrem viele solcher Gebilde erkennen läßt. Ebenso ist es aber auch möglich, daß wir vergebens selbst nach dem winzigsten Sonnenfleck Ausschau halten. Die Sonnenflecken zeigen ein ausgeprägt periodisches Auftreten. Jeweils 11 Jahre liegen zwischen zwei Maxima der Sonnenfleckenanzahl und jeweils auch 11 Jahre zwischen zwei Minima. Die Sonnenflecken sind Erscheinungen der Photosphäre und zeichnen sich durch deutlich geringere Temperaturen gegenüber ihrer Umgebung aus, weshalb sie auch als dunkle Gebilde in Erscheinung treten. Die typischen Dimensionen der Flecken liegen zwischen 1 000 und 10 000 km. Der größte jemals beobachtete Sonnenfleck hatte allerdings den 18fachen Erddurchmesser! Solche riesigen Gebilde sind bei Sonnenauf- oder -untergang sogar mit bloßem Auge zu sehen. Bei den Sonnenflecken handelt es sich um magnetische Wirbelgebiete der oberflächennahen Schichten. Die Sonne besitzt nämlich insgesamt ein beträchtliches Magnetfeld, das jedoch mehrfach gestört wird. Diese Störungen finden ihren Ausdruck in den Sonnenflecken.

Die gewaltigen Energiemengen, die unsere Sonne abstrahlt, werden tief in ihrem Inneren freigesetzt. Von dort gelangt die Energie durch Strahlungstransport und einfache Durchmischung (Konvektion) an die sichtbare Oberfläche. Die Energie stammt im wesentlichen aus der Verschmelzung von Wasserstoff- zu Heliumatomen. Diesen Vorgang bezeichnet man als Kernfusion. Dabei werden enorme Energiemengen frei. Im Ergebnis dieser Fusionsvorgänge verliert die Sonne in jeder Sekunde etwa 4,5 Millionen Tonnen Masse. Dies ist jedoch ein verschwindend geringer Betrag im Verhältnis zu ihrer Gesamtmasse. Der Massenverlust durch Kernfusion vermindert die Gesamtmasse der Sonne nur um rund 0,1 % in 10 Milliarden Jahren. Somit ist der extrem effiziente Vorgang der Kernfusion praktisch mit keinerlei nennenswerten Masseeinbußen der Sonne verbunden. Dennoch wäre es falsch, daraus auf ein „ewiges Leben" der Sonne zu schließen. Da die Sonne ständig Energie freisetzt und in den Weltraum abstrahlt, andererseits aber nur eine endliche Masse besitzt, muß der Fusionsofen zwangsläufig eines Tages verlöschen. Dies geschieht aber nicht erst dann, wenn der gesamte Wasserstoff aufgebraucht und in Helium umgewandelt ist. Vielmehr beträgt die Lebensdauer der Sonne „nur" rund 10 Milliarden Jahre. Von dieser im Vergleich zu geschichtlichen Abläufen immer noch unvorstellbar

Hunderttausende Kilometer über den Sonnenrand schießen die feurigen Protuberanzen empor.

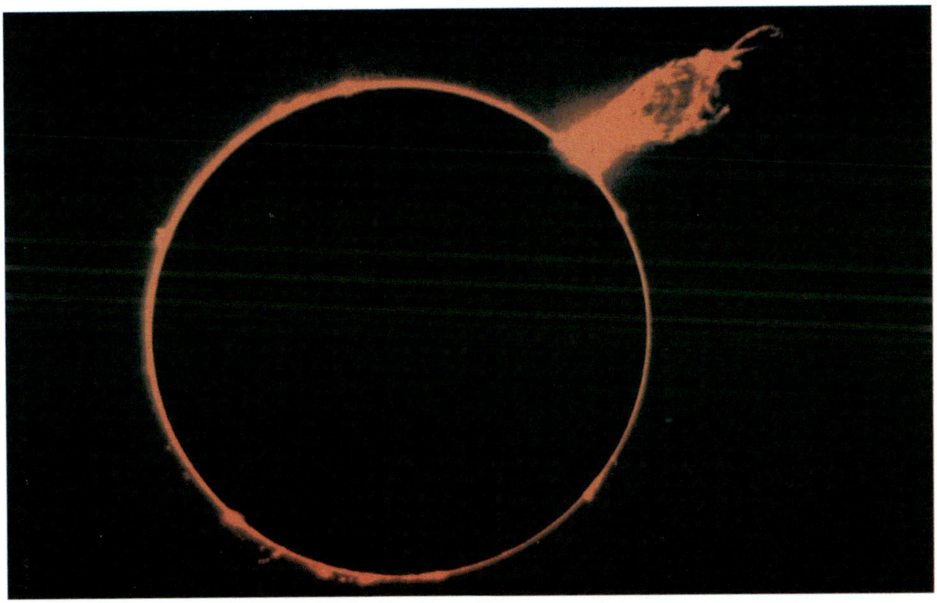

SONNENFINSTERNISSE

Eine Laune der Natur hat es so gefügt, daß Sonne und Mond am Himmel denselben scheinbaren Durchmesser haben. Zufällig steht die Sonne etwa 400mal so weit von der Erde entfernt wie der Mond, während sie gleichzeitig den 400 fachen Durchmesser des Mondes aufweist. Dadurch kann es geschehen, daß der Mond – wenn er am Himmel von der Erde aus gesehen dieselbe Position einnimmt wie die Sonne – diese genau abdeckt. Dann kann man längs eines winzigen Streifens auf der Erdoberfläche eine totale Sonnenfinsternis erleben. Der Mond befindet sich dabei immer in der Neumondphase und hinterläßt auf der Erdoberfläche einen Schatten, genauer: einen Kern- und einen Halbschatten. Im Kernschattengebiet ist die Finsternis total, d. h. die Sonne wird für mehr oder weniger kurze Zeit vom Mond vollständig verdeckt. Dieser Vorgang kann höchstens 7,6 Minuten dauern. Das Kernschattengebiet ist nur rund 300 km breit und der Kegel des Kernschattens rast infolge der Erddrehung mit 35 km/Sekunde über die Erdoberfläche. Im Gebiet des Halbschattens erleben wir eine teilweise (partielle) Sonnenfinsternis. Die Wahrscheinlichkeit für eine totale Finsternis ist deutlich geringer wie für eine partielle. In 1000 Jahren ereignen sich insgesamt 2375 Sonnenfinsternisse, von denen aber nur 659 total sind. In Deutschland kann eine totale Sonnenfinsternis nur ein einziges Mal im gesamten 20. Jahrhundert erlebt werden: am 11. August 1999!

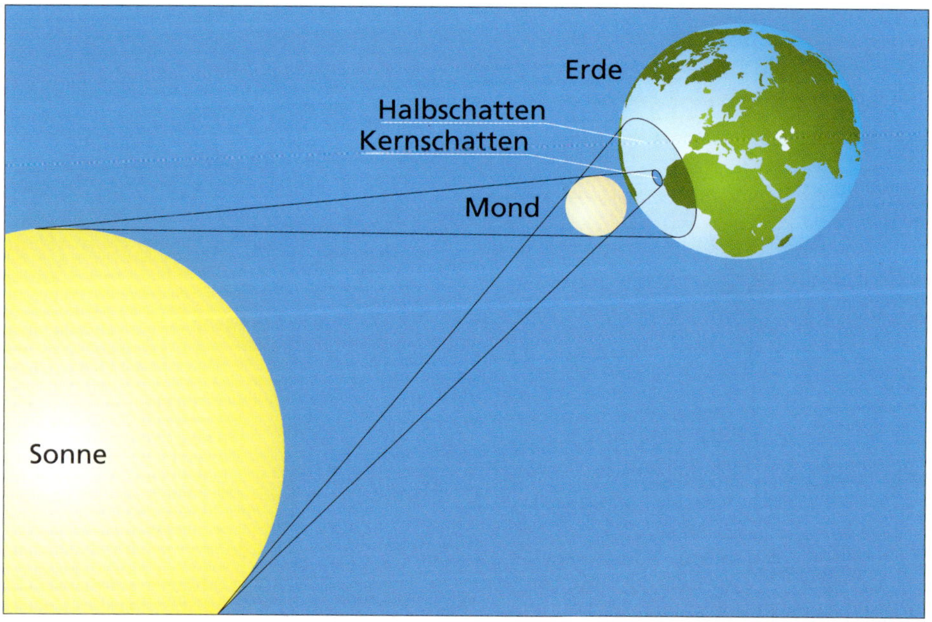

großen Zeitspanne ist allerdings etwa die Hälfte bereits vergangen. In dem Kapitel „Lebensgeschichten“, in dem über das Entstehen und Vergehen der Sterne berichtet wird, kommen wir auf diese Frage noch ausführlich zurück.

Die Aktivitäten der Sonne beschränken sich keineswegs nur auf die Sonnenflecken. Vielmehr können wir in der Nähe von Flecken auch sogenannte Sonnenfackeln beobachten – verdichtete Materiewolken höherer Temperatur. Ein besonders interessantes Phänomen sind die Sonnenprotuberanzen. Sie bestehen aus heißen Gasen (Plasma), das sowohl aus einem sehr dünnen, die Sonne umgebenden Gas nach unten fließt, aber auch aus dichten Gasmassen, die nach oben geschleudert werden. Solche Protuberanzen können mehrere hunderttausend Kilometer Länge erreichen. Beobachten lassen sie sich allerdings nur mit speziellen Instrumenten oder anläßlich einer totalen Sonnenfinsternis, wenn die gleißendhelle Sonnenscheibe durch den Mond abgedunkelt ist. Dann kann man auch die Sonnenkorona erkennen, eine Schicht extrem dünnen heißen Gases, das sich viele Millionen Kilometer über die Chromosphäre hinaus in den Raum erstreckt. Im Zusammenhang mit den Aktivitäten der Sonne kommt es auch zu Materieauswürfen in Gestalt von Eruptionen und gewaltigen Strahlungsausbrüchen, den sogenannten Flares. Eine Reihe von Erscheinungen im Gebiet der irdischen Atmosphäre sind die unmittelbare Folge: Veränderungen in der Ionosphäre (siehe S. 49) führen zu Störungen der Ausbreitung von Rundfunkwellen im Kurzwellenbereich. Von der Sonne kommende Teilchen bewirken in der Hochatmosphäre das Auftreten der Polarlichter – besonders in der Umgebung der beiden Pole der Erde.

Weitere Auswirkungen der periodischen Sonnenaktivität auf meteorologische Erscheinungen und das irdische Leben werden behauptet, sind aber wissenschaftlich nicht gesichert.

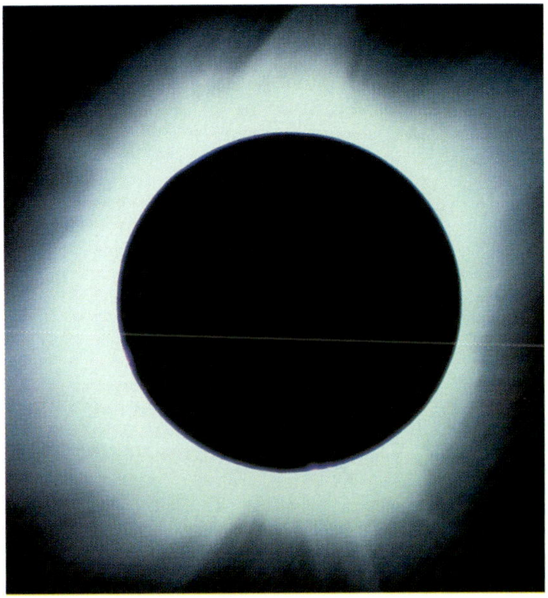

Die Sonnenkorona, aufgenommen bei der totalen Sonnenfinsternis in Venezuela am 26. 2. 1998

Linke Seite: Die Entstehung einer Sonnenfinsternis. Befindet sich der Mond so zwischen Erde und Sonne, daß sein Kernschatten die Erdoberfläche erreicht, beobachtet man im Kernschattengebiet eine totale Sonnenfinsternis. Im Gebiet des Halbschattens ist eine teilweise (partielle) Sonnenfinsternis zu sehen.

MERKUR

Der Planet Merkur ist schwer zu beobachten, obwohl er eine beträchtliche Helligkeit erreicht. Das Problem besteht in seinem geringen Winkelabstand von der Sonne. Da der Planet sich höchstens bis zu 28° östlich oder westlich von der Sonne entfernen kann, ist er nur unter besonderen Bedingungen für kurze Zeit in der Morgen- oder Abenddämmerung zu sehen.

Schon in den Kindertagen der Astronomie war die rasche Bewegung des Merkur bekannt. Deshalb wird er in der römischen Mythologie auch mit dem Gott des Handels identifiziert, während die Griechen in ihm den Götterboten Hermes sahen.

Über die physische Natur des Planeten gab es lange Zeit keinerlei Vorstellungen. Auch nach der Erfindung des Fernrohrs änderte sich dies zunächst nicht, da außer einem Wechsel seiner Phasen – wie vom Mond unserer Erde bekannt – nichts zu erkennen war. Alle Versuche, die Oberflächenbeschaffenheit des Planeten zeichnerisch zu erfassen, blieben Stückwerk und die Forscher wurden häufig das Opfer von Täuschungen. Selbst die Massenbestimmung des Merkur bereitete Schwierigkeiten, denn er besitzt keinen Mond. Massen können aber nur dann bestimmt werden, wenn man Gelegenheit hat, ihre Auswirkungen auf andere Massen zu studieren. Erst gegen Ende des 19. Jahrhunderts gelang es dem deutschen Astrophysiker Karl Friedrich Zöllner, aus dem Rückstrahlvermögen des Merkur gegenüber dem Licht der Sonne interessante Schlüsse zu ziehen. Der Forscher stellte eine große Ähnlichkeit der Oberflächenbeschaffenheit des Merkur mit dem Erdmond fest und kam außerdem zu dem Ergebnis, daß der Planet keine Atmosphäre besitzt. Ein wirklichkeitsgetreues Bild des Planeten zeichnete jedoch erst die amerikanische Sonde Mariner 10, die sich dem Planeten in den Jahren 1974/75 bis auf minimal 327 km annäherte und tausende gestochen scharfer Fotos lieferte.

MERKUR IN ZAHLEN

Äquatordurchmesser (km)	4878
Masse (Erde = 1)	0,056
Mittlere Dichte (g/cm^3)	5,43
Mittlere Entfernung des Planeten von der Sonne (in AE)	0,39
Umlaufzeit um die Sonne (Tage)	87,97
Eigenrotation (Tage)	58,6
Hauptbestandteile der Atmosphäre	–
Anzahl der bekannten Monde	–
Bahnneigung (gegen Ekliptik in Grad)	7

Kleiner Nachbar der Sonne

Merkur ist der sonnennächste aller Planeten. Seine mittlere Distanz von der Sonne beträgt nur 0,39 Astronomische Einheiten (58 Millionen km). Einen Umlauf um die Sonne bewältigt der Planet in knapp 88 Tagen – ein kurzes Merkurjahr im Verhältnis zu dem der Erde. Da sich Merkur innerhalb der Erdbahn um die

Sonne bewegt, kann er am Himmel niemals der Sonne gegenüberstehen. Er pendelt vielmehr immer nur um die Sonne herum, so daß er bald als Abendstern nach Sonnenuntergang, bald als Morgenstern vor dem Aufgang der Sonne zu sehen ist – falls überhaupt.
Merkur zählt zu den kleinsten Planeten des Sonnensystems. Sein Äquatordurchmesser beträgt nur 4 878 km, während die Masse des Planeten bei knapp 6 Prozent der Erdmasse liegt. Die mittlere Dichte ergibt sich zu 5,43 g/cm^3. Der Tag, d. h. eine Rotation um die eigene Achse, dauert auf dem Merkur nur unwesentlich kürzer als ein Merkurjahr, die volle Rotation des Planeten um die Sonne. Merkur bewegt sich nämlich in 58,6 Tagen einmal um seine Achse.
Merkur verfügt über keine nennenswerte Atmosphäre. Eine extrem dünne Hülle aus Helium und Argon ist nur mit raffiniertester Meßtechnik nachweisbar. Die lange Dauer der Tage und Nächte ebenso wie die stark schwankenden Distanzen des Planeten von der Sonne (zwischen 46 und 70 Millionen km) führen zu extremen Temperaturunterschieden: Steht die Sonne senkrecht über einem Punkt der Merkuroberfläche und befindet sich der Planet im sonnennächsten Punkt seiner Bahn, so herrschen dort +430 °C. Auf der Nachtseite des Planeten sinkt die Temperatur auf rund – 150 °C. Auf den ersten Blick könnte man eine Mariner-10-Aufnahme des Planeten Merkur mit einem Foto der Oberfläche des Erdmondes verwechseln. Vor allem die zahlreichen Krater auf dem Planeten Merkur erinnern an den Erdtrabanten, zumal sie sowohl in der Form als auch in ihren Abmessungen

Merkur, aufgenommen von der amerikanischen Raumsonde Pioneer 10 (1973)

den Mondkratern stark ähneln. Riesenkrater mit über 100 km Durchmesser kommen ebenso vor wie winzigste Einschlaglöcher, ganze Kraterketten und Ril-

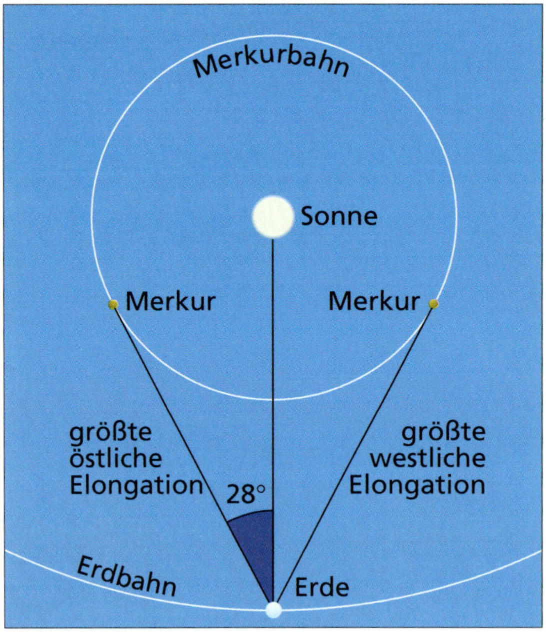

Nur maximal 28° kann sich der Merkur für einen irdischen Beobachter am Himmel von der Sonne entfernen. Deshalb ist der Planet relativ selten und schwierig zu beobachten.

len. Aber auch andere Gebilde der Merkuroberfläche sind uns vom Erdmond vertraut, wie z. B. glatte Ebenen und ein ausgedehntes Becken. Es gibt aber auf Merkur auch Strukturen, die wir von anderen Planeten nicht kennen. Dazu gehören 3 000 m hohe Böschungen, die sich über hunderte Kilometer hinziehen und möglicherweise das Ergebnis von Schrumpfungsvorgängen des Merkur als Ganzes darstellen. Aus der hohen mittleren Dichte schließt man auf einen beträchtlichen Eisen-Nickel-Kern, der wahrscheinlich auch für das schwache Magnetfeld des Planeten verantwortlich ist. Der Merkur ist ein mondloser Planet.

VENUS

Die Venus ist nach Sonne und Mond das hellste Gestirn des Himmels. Sie gilt als klassischer Morgen- und Abendstern, je nachdem, ob sie sich östlich oder westlich der Sonne befindet. Bei westlicher Position steigt sie morgens vor der Sonne über den Horizont, bei östlicher versinkt sie nach dem Taggestirn. Der Winkelabstand von der Sonne kann bis zu 46° betragen, so daß sie unter Umständen Stunden nach dem Sonnenuntergang oder vor dem Sonnenaufgang als gleißend helles Gestirn beobachtet werden kann.

Venus ist nach der römischen Göttin der Liebe und Fruchtbarkeit benannt, die der griechischen Aphrodite entspricht. Auch nach der Erfindung des Fernrohrs blieb die Venus lange geheimnisvoll. Zwar entdeckte schon Galileo Galilei bei seinen Beobachtungen mit dem damals gerade erfundenen Fernrohr die Phasen (Lichtgestalten) des Planeten, die denen des Mondes ähneln („Halbvenus"; „Vollvenus"), doch Oberflächeneinzelheiten waren auch später mit größeren Teleskopen nicht festzustellen. Als die Venus im Jahre 1761 vor der Sonnenscheibe entlangzog, entdeckte der Russe Lomonossow einen hellen Lichtsaum um die dunkle Planetenscheibe. Er nahm an, daß es sich dabei um eine Atmosphäre des Planeten handelt. Diese Atmosphäre verhindert den Durchblick auf ihre Oberfläche und macht damit zugleich auch die Bestimmung ihrer Rotationsdauer unmöglich. Alle Angaben über ihre Oberflächenbeschaffenheit beruhten auf optischen Täuschungen. Erst mit dem Aufkommen der Spektralanalyse gelang es, in der Venusatmosphäre Kohlendioxid festzustellen. Da sich der Planet in viel geringerem Abstand um die Sonne bewegt als die Erde, konnte man mutmaßen, daß die Venusoberfläche stark aufgeheizt ist und die Wärme wegen eines starken Treibhauseffektes nicht wieder in den Weltraum entweichen kann. Die erste Bestimmung der Rotations-

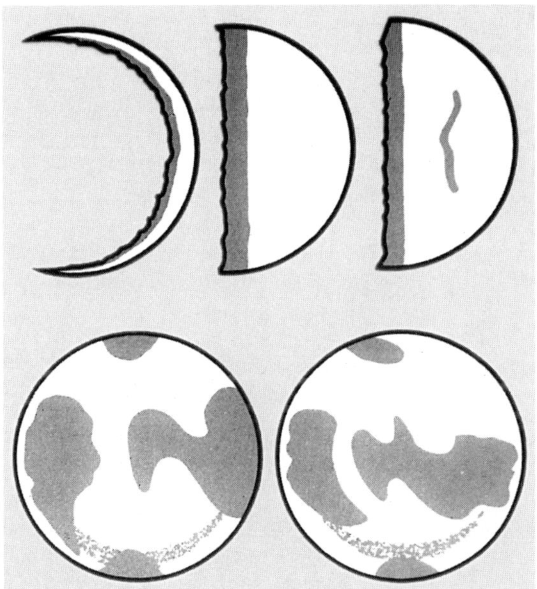

So sah der deutsche Astronom J. H. Schröter im 18. Jahrhundert den Planeten Venus. Die dargestellten Details sind ausnahmslos optische Täuschungen.

dauer des Planeten wurde erst durch den Einsatz der Radartechnik im 20. Jahrhundert möglich.
Die heutigen wissenschaftlichen Vorstellungen über die Venus sind fast ausnahmslos das Ergebnis der Raumfahrt, die den inneren Erdnachbarplaneten seit dem Jahre 1961 im Visier hat. Mehr als 20 Unternehmen der Raumfahrt galten dem Abend- und Morgenstern, zum Teil mit geradezu sensationellen Erfolgen. Erinnert sei z. B. an die ersten weichen Landungen der sowjetischen Venera-Sonden (ab 1966), die allerdings anfangs keine Daten übertrugen, dann aber den extremen Bedingungen auf der Oberfläche des Planeten für kurze Zeit standhielten und uns Kunde von den hohen Temperaturen und dem enormen atmosphärischen Druck brachten. Bedeutungsvoll waren auch die amerikanischen Unternehmungen Pioneer-Venus (1978) und Magellan (1990), denen wir die vollständige Kartographie der Venus-Oberfläche verdanken.

Planet mit eigenem Gepräge

Venus ist der erdnächste Planet innerhalb der Erdbahn. Die mittlere Entfernung der Venus von der Sonne beträgt 0,7 Astronomische Einheiten (108 Millionen km). Der Erde kann sich die Venus bis auf

Erst mittels Raumsonden gelang es unter Benutzung spezieller Filter, die Strukturen in der Atmosphäre der Venus sichtbar zu machen (Falschfarbendarstellung).

0,26 AE (39 Millionen km) annähern, die maximale Distanz liegt bei 1,74 AE (261 Millionen km). Der Äquatordurchmesser der Venus beträgt 12 102 km, nur geringfügig weniger als der Äquatordurchmesser der Erde. Auch die Masse ist mit 0,8 Erdmassen derjenigen unseres Heimatplaneten vergleichbar. Für die mittlere Dichte folgt daraus ein Wert von 5,25 g/cm^3 – etwas weniger als für Merkur und Erde. Der innere Aufbau des Planeten dürfte deshalb ebenfalls durch einen Eisen-Nickel-Kern geprägt sein, der etwa 6 000 km Durchmesser aufweist.

Ein Venusjahr, d. h., die Dauer eines vollständigen Umlaufes der Venus um die Sonne, umfaßt knapp 225 Tage, während der Venustag, die Rotation des Planeten um seine eigene Achse, 243 Tage in Anspruch nimmt. Die Rotation des Planeten erfolgt übrigens gegenläufig (retrograd) zur Bewegungsrichtung der Venus auf ihrer Bahn. Die Atmosphäre der Venus setzt mit einer oberen Dunstschicht in etwa 100 km Höhe über der Oberfläche ein. Ihr folgt eine Wolkenschicht zwischen 70 und 50 km Höhe. Diese dichten Wolken bewirken, daß wir die Oberfläche des Planeten nicht beobachten können. Den Wolken folgt schließlich eine untere Dunstschicht. Die Bestandteile der Venusatmosphäre ähneln der unserer Erde, jedoch in völlig anderer prozentualer Verteilung. Hauptbestandteil ist Kohlendioxid (95 %), gefolgt von knapp 5 % Stickstoff. Wasserdampf, Schwefeldioxid und Sauerstoff. Andere Gase sind in verschwindend geringen Anteilen vorhanden. Die dichte Wolkenhülle um den Planeten verhindert einerseits zu einem beträchtlichen Teil das Eindringen der

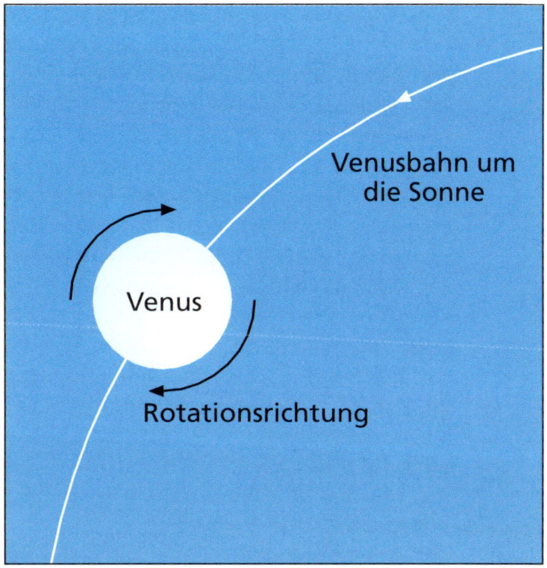

Die retrograde Rotation des Planeten Venus

Sonnenstrahlung, andererseits aber auch das Entweichen der Wärme in den Weltraum. Dadurch kommt es zu einem ausgeprägten „Treibhauseffekt“ mit dem Ergebnis, daß an der Oberfläche des Planeten Temperaturen von rund 500 °C

VENUS IN ZAHLEN

Äquatordurchmesser (km)	12 102
Masse (Erde = 1)	0,8
Mittlere Dichte (g/cm^3)	5,25
Mittlere Entfernung des Planeten von der Sonne (in AE)	0,7
Umlaufzeit um die Sonne (Tage)	225
Eigenrotation (Tage)	243 (retrograd)
Hauptbestandteile der Atmosphäre	CO_2 (95 %)
Anzahl der bekannten Monde	–
Bahnneigung (Gegen Ekliptik in Grad)	3

herrschen. Weder der Wechsel der Tageszeiten noch jahreszeitliche Veränderungen haben hier wesentliche Schwankungen zur Folge. Der atmosphärische Druck liegt etwa beim 90fachen des irdischen Luftdrucks auf dem Niveau des Meeresspiegels. Das Licht der Sonne gelangt nur zu etwa 2 % bis an die Venusoberfläche, so daß dort ein ewiger Dämmerzustand die Szene bestimmt.
Strukturen der hochliegenden Wolkenschichten sind erst durch den Einsatz spezieller Kameras entdeckt worden, die im Bereich des ultravioletten Lichtes arbeiten. Dabei zeigte sich, daß die Wolken mit hohen Geschwindigkeiten von bis zu 100 m/s um den Planeten rasen und diesen in vier Tagen umrunden.
Zu den bedeutendsten Leistungen der Venusforschung zählt die inzwischen fast vollständig gelungene Kartographie der Planetenoberfläche durch Pioneer-Venus 1 und Venus 15/16 (1978 bzw. 1983) und insbesondere durch die amerikanische Sonde Magellan (1990), die eine Bestandsaufnahme der gesamten Oberfläche mit einem Auflösungsvermögen bis zu 120 m erreichte. Insgesamt ist die Venusoberfläche viel ebener als die der Erde. Nur zwei ausgedehnte Hochländer wurden festgestellt: Aphrodite Terra und Ischtar Terra – das eine etwa so groß wie der afrikanische Kontinent, das andere ungefähr Australien an Fläche vergleichbar. Auch die bekannten Einsturzkrater, verursacht durch größere und kleinere Meteorite, kommen vor, jedoch weniger zahlreich als auf dem Merkur und dem Mond, häufiger hingegen als auf der Erde. Bemerkenswert ist die Verteilung der Dimensionen der Einschlagkrater. Winzige Krater unter 3 km Durchmesser fehlen völlig. Die meisten sind größer als 25 km. Der mächtigste Einschlagkrater mißt 275 km Durchmesser. Höchstwahrscheinlich hängt dieser Umstand mit der dichten und ausgedehnten Venusatmosphäre zusammen, in der die kleineren „Geschosse“ keine Chance haben, die Oberfläche überhaupt zu erreichen. Große Meteorite haben bewirkt, daß Lavamaterial aus dem Inneren der Venus emporquoll. Doch auch der natürlich vorkommende Vulkanismus hat die Oberfläche des Planeten entscheidend geprägt. Fast das gesamte Gesteinsmaterial auf dem Planeten ist vulkanischer Herkunft. Annähernd 100 000 kleine vulkanische Schilde und domartige Wölbungen zeugen ebenso vom starken Vulkanismus wie die teils ausgedehnten Lavaflüsse, deren längster sich über 800 km erstreckt. Wahrscheinlich gibt es heute keinen nennenswerten Vulkanismus mehr. Flüssiges Wasser dürfte auf dem heißen Planeten in jüngerer Vergangenheit überhaupt nicht vorgekommen sein.
Die verschiedenen Erscheinungen der Venusoberfläche, ob es sich dabei um Krater oder Gebirgszüge, Hochebenen oder Vulkane handelt, sind ausnahmslos mit weiblichen Namen bedacht worden. In Anlehnung an die einstige mythologische Bedeutung des Planeten Venus in der Antike hat die Internationale Astronomische Union den Morgen- und Abendstern zu einem „Wandelstern der Frauen“ gemacht: Die „weibliche Prominenz“ der Antike, aber auch bedeutende Künstlerinnen und Wissenschaftlerinnen aus der jüngeren Vergangenheit haben mit ihrem Namen den Planeten geprägt.

ERDE

Die Erde ist der mit Abstand am besten bekannte aller Planeten; auf ihm leben schließlich wir Menschen und ihn können wir als bisher einzigen aller Wandelsterne umfassend direkt erforschen. Dennoch wollen wir unseren Heimatplaneten hier völlig gleichberechtigt neben die anderen Planeten stellen und auf die vielen zusätzlichen Kenntnisse, die wir über ihn besitzen, bewußt verzichten. Allerdings beziehen wir uns bei vielen Messungen von Längen oder Zeiten irgendwo im Planetensystem oder sogar weit draußen im Weltall immer wieder auf Maße, die aus der Natur der Erde abgeleitet wurden. Die durch die Raumfahrt entstandenen neuen Möglichkeiten der detaillierten Erforschung der anderen Planeten des Sonnensystems haben viel zum besseren Verständnis unserer Erde beigetragen. So paradox es klingt: Manches Geheimnis der Erde enthüllt sich erst vollständig beim Blick aus dem Weltraum und im Vergleich mit den anderen Mitgliedern der Planetenfamilie. Eine spezielle wissenschaftliche Disziplin schickt sich seit längerem an, diese Möglichkeiten konsequent für neue Erkenntnisse zu nutzen: die vergleichende Planetologie.

Aufgrund des Augenscheins hielt man in alten Zeiten die Erde für die scheibenförmige Mitte der Welt. Von der heute bekannten annähernden Kugelgestalt der Erde bemerkt man zunächst nichts, und die Mittelpunktstellung scheint sich folgerichtig aus den Bewegungen der Himmelskörper zu ergeben. Dennoch kamen die griechischen Naturforscher zu dem Ergebnis, daß die Erde eine Kugel sei. Sie beriefen sich auf das Herannahen ferner Schiffe, von denen man stets zuerst die Takelage und erst dann den vollen Schiffskörper erblickt. Auch bei der Beobachtung von Mondfinsternissen zeigte sich, daß der Schatten der Erde immer kreisrund war – er konnte nur von einer Kugel stammen.

Vermessung

Obschon es vor 2000 Jahren noch niemandem gelungen war, diese Kugel zu umrunden, datiert doch die erste exakte Messung des Erdumfanges schon aus dem 3. Jahrhundert v. Chr. Damals hat der Gelehrte Eratosthenes in Syene, dem heutigen Assuan, durch eine geistreiche Idee den Umfang der Erdkugel zu 250 000 „Stadien" bestimmt. Obwohl wir bis heute nicht ganz genau wissen, welche Länge einem griechischen Stadium damals zugeordnet wurde, dürfte die Messung zumindest eine zutreffende Vorstellung von der Dimension der Erdkugel vermittelt haben. Jedenfalls galt der von Eratosthenes bestimmte Wert bis in das 18. Jahrhundert als zutreffend.

Eratosthenes, der bereits den modernen Begriff Geographie einführte, bezeichnete es als deren Hauptaufgabe, Karten über die Lage von Gebirgen und Flüssen, von Küsten und Städten anzufertigen, während der Astronom Hipparch schon die Forderung erhob, die genaue Lage der

Unser blauer Planet Erde aus dem Weltall betrachtet

Orte aus astronomischen Beobachtungen zu bestimmen. Die antike Geographie konnte natürlich nur auf diejenigen Kenntnisse zurückgreifen, die durch die griechischen Händler und Seefahrer gewonnen wurden. Immerhin umfaßten die damaligen Karten bereits Gebiete bis zur Südspitze Afrikas, Zentralasiens, Indiens, andererseits aber auch Irlands, Skandinaviens und Spaniens.

Die Erforschung der Erde wurde später ein äußerst komplexes Unterfangen, in dem es um die Erdbeschreibung, die Entstehung und Entwicklung der Erde, ihre genaue Vermessung und die Bestimmung ihrer Gestalt ging. Zahlreiche Wissenschaftsdisziplinen, die vor allem im 18. und 19. Jahrhundert ihre heutige Gestalt annahmen, dienten diesen Zielen: Geographie, Geologie, Geodäsie, Geomorphologie und viele andere.

Heute ist kein Planet des Sonnensystems so gründlich erforscht wie unsere Erde. Dennoch gibt es auch bezüglich unseres Heimatplaneten zahlreiche ungeklärte Fragen.

In der Reihenfolge des Abstandes von der Sonne umrundet die Erde als dritter Planet das Zentralgestirn. Streng genommen ist ihre Bahn – wie die der anderen Planeten auch – elliptisch. Dadurch kommt es zu Veränderungen des Abstandes zwischen Erde und Sonne im Laufe eines Jahres, die rund 5 Millionen Kilometer betragen. Der mittlere Abstand Erde – Sonne, die „Astronomische Einheit" (AE), beträgt 149,598 Millionen Kilometer. Der sonnennächste Punkt der elliptischen Bahn wird Anfang Januar erreicht; die Distanz zur Sonne beträgt dann nur 147 Millionen km. Den sonnenfernsten Punkt ihrer Bahn durchläuft die Erde Anfang Juli mit einem Abstand zur Sonne von rund 152 Millionen km. Im Alltag bemerken wir von den unterschiedlichen Abständen allerdings nichts. Obwohl die Einstrahlung der Sonnenenergie in Erdferne etwas geringer ist und auch der scheinbare Durchmesser der Sonne ein wenig hinter dem Mittelwert zurückbleibt, benötigt man bereits spezielle Instrumente, um diese Unterschiede festzustellen.

Die natürliche Zeiteinheit des Menschen ergibt sich aus der Rotation der Erde um ihre eigene Achse. Wir nennen die Zeitspanne für einen vollen Umlauf der Erde um ihre Achse einen Tag und messen sie von einem Sonnenhöchststand bis zum folgenden – von Mittag zu Mittag. Dies ist der Sonnentag. Beziehen wir uns jedoch bei der Messung der Dauer eines Tages auf die Sterne, so ergibt sich ein geringfügig kleinerer Wert. Der Unterschied beträgt rund 4 Minuten. Die Ursache liegt in der Fortbewegung der Erde um die Sonne. Da sich nämlich die Erde im Verlaufe eines Jahres um die Sonne

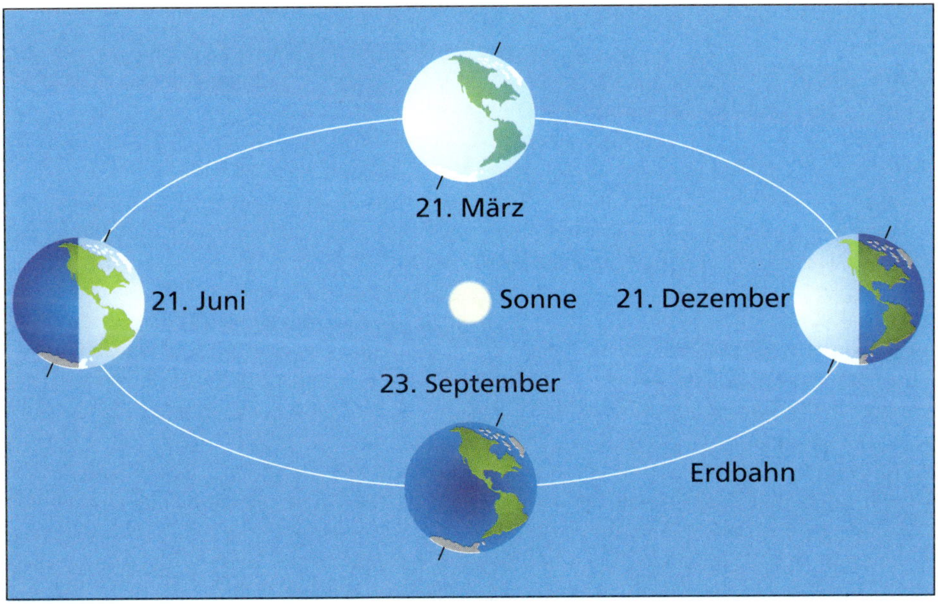

So entstehen die Jahreszeiten auf der Erde: Da die Neigung der Erdachse stets gleich bleibt, weist die Nordhalbkugel unseres Planeten im Sommer zur Sonne hin und im Winter von der Sonne weg.

bewegt, scheint die Sonne in derselben Zeit einen Umlauf um den ganzen Himmel zu vollführen. Deshalb „wandert“ sie – scheinbar – von Tag zu Tag um den Betrag von etwa einem Winkelgrad von West nach Ost. Aus diesem Grunde dauert es 4 Minuten länger vom Höchststand eines Sterns bis zum entsprechenden Höchststand der Sonne.

Die Dauer des Jahres beträgt rund 365,25 Tage. Genaugenommen kommt es aber auch bei der Bestimmung der Jahreslänge wieder darauf an, auf welchen Punkt des Himmels man sich bezieht. Doch wir wollen es hier zunächst dabei bewenden lassen, daß die Erde sich rund 365 und ein Viertel mal um sich selbst gedreht hat, wenn sie einen vollen Umlauf um die Sonne vollendet hat.

Jahr und Tag sind die Zeiteinheiten des Menschen schlechthin. Diese naturgegebenen Maße dienen uns auch zum Vergleich mit allen anderen Zeitabläufen. Wenn wir z. B. feststellen, daß ein Merkurjahr, d. h. ein voller Umlauf des Merkur um die Sonne, 88 Tage dauert, dann meinen wir natürlich 88 Erdentage. Und der Umlauf des Pluto um die Sonne dauert rund 248 Erdenjahre!

Der Tag ist auch die Basis aller kleineren Zeiteinheiten. Wenn der Zeiger unserer Uhr von Sekunde zu Sekunde weiterspringt, dann basiert die kurze Dauer einer Sekunde auf der Teilung des Tages in 24 Stunden, die wiederum in jeweils 60 Minuten geteilt sind, von denen jede 60 Sekunden umfaßt. Demnach dauert 1 Sekunde den 86 400ten Teil eines Tages. Die Entwicklung der Technik hat es allerdings mit sich gebracht, daß unser heutiges Zeitsystem nur noch bedingt mit der Bewegung der Erde und daraus abgeleiteten Größen zu tun hat. Die Einführung von Quarzuhren und Atomuhren brachten nämlich eine derart hohe Genauigkeit mit sich, daß sich damit sogar Schwankungen der Länge des natürlichen Tages erkennen ließen. Somit konnten die historisch gewachsenen Definitionen nicht mehr länger verwendet werden. Seit 1968 benutzen wir daher die sogenannte Atomsekunde. Allerdings dürfen durch diese mit höchster Präzision definierte Zeiteinheit die natürlichen Zeiteinheiten Tag und Jahr nicht in Gefahr gebracht werden. Deshalb wird durch sorgfältige astronomische Messungen ständig festgestellt, wieweit die astronomische Zeit von der Atomzeit eventuell abweicht. Wächst diese Differenz auf mehr als 0,7 Sekunden an, so wird entweder zum Jahresanfang oder zur Jahresmitte eine „Schaltsekunde“ eingefügt oder weggelassen. So bleibt stets gesichert, daß unsere Zeit mit den natürlichen astronomischen Tatsachen in Übereinstimmung bleibt.

Der Äquatordurchmesser der Erde beträgt 12 756 km. Aus Masse und Volumen des Erdkörpers ergibt sich eine mittlere Dichte von 5,52 g/cm^3. Ein möglicherweise flüssiger Eisen-Nickel-Kern im Zentrum unseres Heimatplaneten dürfte etwa 2 500 km Durchmesser aufweisen.

Sphären

Rund 70 % der Erdoberfläche sind von Wasser bedeckt, nur 30 % entfallen auf die Landmassen. Vor allem die großen Ozeane sorgen dafür, daß die Erde aus größerer Entfernung als bläulicher Stern schimmern würde, weshalb der Begriff

„Blauer Planet“ zum Synonym unserer kosmischen Heimat im Raumfahrtzeitalter geworden ist.

Die Kruste der Erde, die unter den Kontinenten bis zu 40 km Mächtigkeit erreicht, setzt sich aus sechs großen und mehreren kleinen Platten zusammen. Diese verschieben sich gegeneinander und sorgen sowohl für die Drift der Kontinente als auch für Erdbebenaktivität und Vulkanismus an den Plattengrenzen. Aus dem Studium der Ausbreitung von Erdbebenwellen wissen wir, daß der Erdkörper aus einzelnen Schichten besteht: Der Erdkruste folgt der Erdmantel, der etwa bis in eine Tiefe von knapp 3 000 km reicht. An diesen schließt sich der schon genannte Erdkern aus Nickel und Eisen an. Daher verfügt die Erde über ein Magnetfeld, das im wesentlichen durch gewaltige elektrische Ströme im Erdinnern verursacht wird.

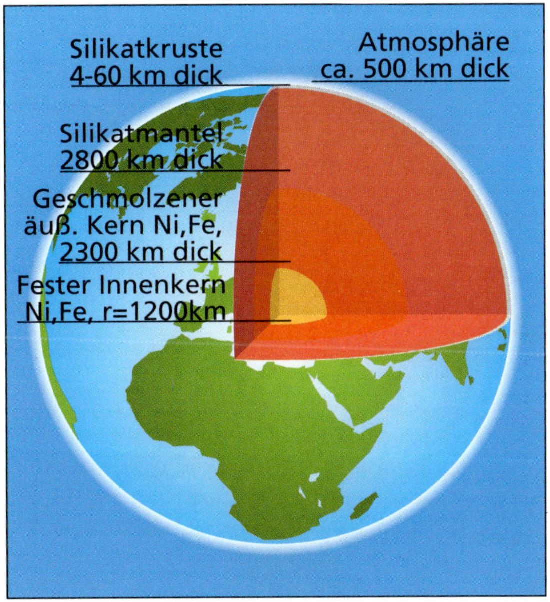

Schematische Darstellung des Aufbaus unserer Erde

Die Erde ist von einer Gashülle umgeben, die wir als Atmosphäre bezeichnen und die sich von der Erdoberfläche bis in eine Höhe von über 1000 km erstreckt. Die Atmosphäre setzt sich überwiegend aus Stickstoff (78 %) und Sauerstoff (21 %) zusammen; andere Gase wie Kohlendioxid, Neon, Helium, Argon, Ozon kommen nur in Spuren vor. Die uns bekannten Wettererscheinungen, darunter auch die Wolkenbildung, spielen sich in der untersten Schicht der Atmosphäre, der sogenannten Troposphäre ab. Sie reicht bis in etwa 12 000 m Höhe. Daran schließt sich die Stratosphäre an, der dann die Mesosphäre folgt. Die Grenzen liegen bei 50 bzw. 80 km. Darüber erstreckt sich die Thermosphäre, in der sich u. a. zwischen 80 und 500 km Höhe die wichtige Ionosphäre befindet. Durch energiereiche Strahlung der Sonne werden in dieser Schicht elektrisch geladene Teilchen gebildet, sogenannte Ionen. Für die Ausbreitung von Kurzwellen stellt die Ionosphäre wegen dieser Eigenschaften eine Art Reflektor dar.

Eine andere für das Leben auf der Erde bedeutungsvolle Schicht der Atmosphäre befindet sich in einer Höhe zwischen 12 und 50 km: Das ist die Ozonosphäre. Hier herrscht eine extrem geringfügige Konzentration von Sauerstoffmolekülen vor, die entgegen dem üblichen für das irdische Leben wichtigen Gas aus drei Sauerstoffatomen besteht und als Ozon bekannt ist. Die vergleichsweise geringe Zahl von Ozonmolekülen erfüllt

eine außerordentlich wichtige Funktion: Sie „verschluckt" wesentliche Teile der extrem energiereichen und lebensfeindlichen Ultraviolettstrahlung der Sonne.
Immer wieder ist in den letzten Jahren von einer dramatischen Verringerung der Ozonkonzentration über den beiden Polen der Erde, besonders dem Südpol die Rede, die durch die menschliche Zivilisation verursacht wird, dem Ozonloch. Die sogenannten Treibgase (u. a. Fluorchlorkohlenwasserstoffe, kurz FCKW), die in großem Umfang in die hohen Schichten der Erdatmosphäre gelangen, verringern den Ozonanteil in erheblichem Umfang. Die Folge ist eine erhöhte Durchlässigkeit der Atmosphäre für die Ultraviolettstrahlung der Sonne und damit eine Gefährdung des Lebens auf der Erde. Die Verringerung der Ozonkonzentration der Ozonosphäre ist allerdings nur eine von vielen Veränderungen, die das Ökosystem der Erde durch die Einwirkung des Menschen erfährt. So bewirkt z. B. der mit der Industrialisierung verbundene hohe Ausstoß von Kohlendioxid möglicherweise einen Treibhauseffekt, wie er naturgegeben auf der Venus herrscht. Die Folge wäre dann eine ständig zunehmende Erwärmung der unteren Schichten der Atmosphäre und der Erdoberfläche mit schwerwiegenden langfristigen Auswirkungen auf das Klima.

MOND

Der Mond ist der einzige natürliche Himmelskörper, der sich um die Erde bewegt und auf dessen Oberfläche wir ohne optische Hilfsmittel Einzelheiten erkennen können. Durch das Wechselspiel seiner Phasen, seine außerordentliche Helligkeit und Fläche stellt er für uns Menschen nach der Sonne das spektakulärste Objekt des Firmaments dar.

Schon von alters her beflügelte der Mond die Phantasie des Menschen. Durch seine regelmäßig wiederkehrenden Phasen bot er aber auch neben dem vergleichsweise kurzen Tag und dem vor allem für die Landwirtschaft wichtigen Jahr eine Möglichkeit, die kleinere Zeiteinheit des Monats am Himmel abzulesen. Bei vielen Kulturvölkern der Vergangenheit bildete der Mond die Grundlage des Kalendersystems.
Noch unser heutiger Kalender geht mit seiner Einteilung des Jahres in 12 Monate (12 Mondumläufe um die Erde) darauf zurück. Bei den Griechen hatte bereits Plutarch im 1. Jahrhundert über den Zweck des Mondes spekuliert und die Frage aufgeworfen, ob hier vielleicht die Seelen der Toten ruhen. Lukian hingegen schilderte wenig später schon die ersten phantastischen Reisen zum Mond, den er für belebt hielt.

Die wissenschaftliche Erforschung des Mondes setzte erst nach der Erfindung des Fernrohrs zu Beginn des 17. Jahrhunderts ein. Bereits im Jahre 1661 schuf der Astronom J. Hevel eine erste detaillierte Mondkarte. Der italienische Astronom G. Riccioli benannte einzelne Oberflächenformationen nach bekannten Astronomen und machte damit den Mond zum symbolischen „Astronomenfriedhof“. Dank immer besserer Fernrohre sowie Beobachtungs- und Zeichenverfahren entstanden auch immer detailreichere Mondkarten. So legte z. B. T. Mayer um 1750 seinen Zeichnungen mikrometrische Messungen zugrunde, während J. H. Schröter gegen Ende des 18. Jahrhunderts genaue Beschreibungen der verschiedenen Mondformationen vornahm. Rund 100 Jahre später erschien die Mondkarte des Dresdners G. W. Lohrmann mit einem Durchmesser des Mondes von knapp einem Meter. Zu den berühmtesten zeichnerischen Darstellungen des Mondes gehört die Karte, die von Beer und Mädler 1837 herausgegeben wurde. Ihr folgte in siebenjähriger Arbeit die „Charte der Gebirge des Mondes“ von J. F. J. Schmidt, die einen Durchmesser von fast 2 Metern aufweist. Den Gipfel bildete schließlich die Karte von Ph. Fauth. Sie wurde erst im Jahre 1964 veröffentlicht und zeigt unseren Trabanten mit einem Durchmesser von 350 cm.

Die Mondkartographie ist aber nur ein Teilgebiet der Mondforschung. Theorien über die Herkunft des Mondes, seiner Oberflächenstruktur sowie das Studium seiner recht komplizierten Bewegungen waren andere Schwerpunkte der Erforschung unseres Trabanten.

MOND IN ZAHLEN

Radius (km)	1738
Masse (kg)	$7{,}35 \cdot 10^{22}$
Mittlere Dichte (g/cm^3)	3,35
Fallbeschleunigung (m/s^2)	1,62
Mittlere Entfernung von der Erde (km)	384 400
Umlaufzeit um die Erde	
– siderische (Tage)	27,32
– synodische (Tage)	29,53

Das Bild vom Mond wurde grundlegend erweitert und vertieft, als die ersten Raumsonden ihn erkundeten. Das Ergebnis waren gestochen scharfe Fotos der Oberfläche und schließlich sogar Materialproben, die von unbemannten sowjetischen Sonden mit Rückkehrapparaten gewonnen wurden. Den bisherigen Höhepunkt der Direkterkundung des Mondes

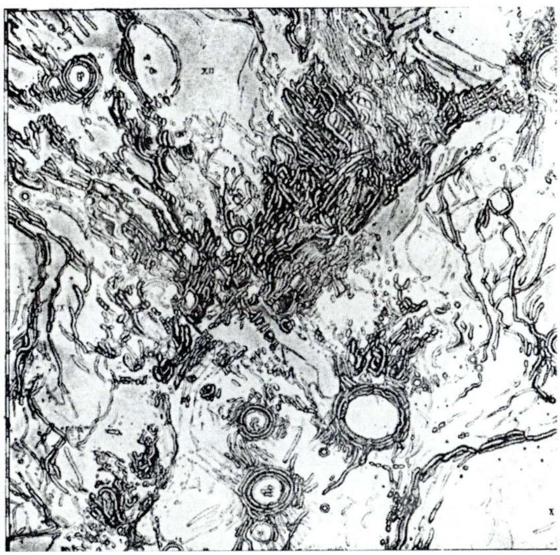

Detailzeichnung des Mondes von F. J. F. Schmidt (1878)

Der Mond im Fernrohr

bildete das US-amerikanische Apollo-Unternehmen in den Jahren 1968–1972, das insgesamt 12 Astronauten auf den Mond brachte, die sich zusammengenommen 80 Stunden auf der Mondoberfläche aufhielten und fast 400 kg Mondmaterial einsammelten.

Antlitz des Mondes

Der Mond ist mit einem mittleren Abstand von rund 384 000 km der uns am nächsten stehende Himmelskörper. Durch die elliptische Bahnform des Mondes schwankt seine Entfernung zur Erde zwischen rund 407 000 km und rund 356 000 km. Das auffälligste Phänomen des Mondes sind die unterschiedlichen Phasen. Sie entstehen dadurch, daß zwar stets die Hälfte des Mondes von der Sonne beleuchtet wird, wir aber von der Erde aus den Mond unter verschiedenem Blickwinkel betrachten. Befindet sich der Mond auf derselben Seite des Himmels wie die Sonne, „schauen" wir auf seine unbeleuchtete Seite. Diese Phase nennen wir Neumond. Steht der Mond der Sonne am Himmel genau gegenüber, beobachten wir den Vollmond. Nach der Neumondphase sehen wir einen zunehmend größeren beleuchteten Teil der Mondoberfläche („zunehmender Mond"), während wir nach einer Vollmondphase auf einen ständig geringeren Teil der beleuchteten Fläche des Mondes schauen („abnehmender Mond"). Von einem Vollmond zum nächsten vergehen ungefähr 29,5 Tage. Diese Zeitspanne nennen wir einen (synodischen) Monat. Davon zu unterscheiden ist die Dauer eines vollen Umlaufes bezogen auf die Sterne. Er dauert nur 27,3 Tage, spielt jedoch für unseren Kalender keine Rolle.

Der Mond rotiert auch um seine eigene Achse, jedoch dauert ein „Mondtag" ebensolange wie der Mondumlauf um die Erde. Der Mond bewegt sich in „gebun-

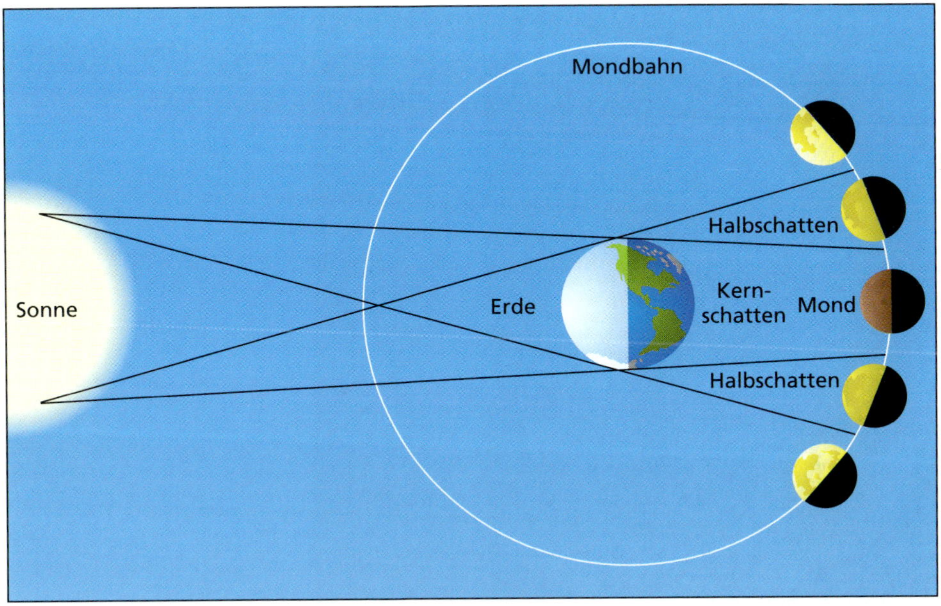

Die Entstehung einer Mondfinsternis; diese kommt zustande, wenn der Mond bei seinem Umlauf um die Erde in den Schatten unseres Planeten tritt. Taucht er vollständig in den Kernschatten ein, beobachten wir eine totale Mondfinsternis. Berührt er den Kernschatten nur teilweise, so ist die Finsternis partiell.

MONDFINSTERNISSE

Bei seinem Umlauf um die Erde kommt es gelegentlich vor, daß der Mond in seiner Vollmondphase genau in der Verbindungslinie Sonne–Erde steht und dabei in den Schatten der Erde eintaucht. Dann erleben alle Beobachter der Erde, für die sich der Mond zu diesem Zeitpunkt über dem Horizont befindet, eine Mondfinsternis. Läuft der Mond vollständig durch den Kernschatten, sprechen wir von einer totalen Mondfinsternis; wird er nur teilweise vom Kernschatten abgedunkelt, erleben wir eine partielle Finsternis. Da der Kernschatten der Erde von einem viel größeren Halbschatten umgeben ist, kommt es auch vor, daß der Erdtrabant lediglich durch den Halbschatten läuft. Der Verdunklungseffekt ist dann viel zu gering, um ohne instrumentelle Hilfsmittel wahrgenommen zu werden. Mondfinsternisse sind deutlich seltener als Sonnenfinsternisse. In 1000 Jahren ereignen sich 716 totale und 827 partielle Mondfinsternisse. Wegen ihres gegenüber Sonnenfinsternissen viel größeren Sichtbarkeitsbereiches finden Mondfinsternisse auf einen bestimmten Ort der Erde bezogen jedoch viel häufiger als Sonnenfinsternisse statt, d. h., die relative Häufigkeit je Erdort ist größer.

Total verfinsterter Mond: Die rötliche Farbe rührt von Sonnenlicht, das in das Innere des Kernschattengebietes hineingelangt.

dener Rotation". Die wichtigste Folge für uns irdische Beobachter besteht darin, daß wir stets dieselbe Seite des Mondes sehen und die Rückseite des Erdtrabanten bis in das Raumfahrtzeitalter unbekannt blieb.

Der Mond besitzt einen Äquatordurchmesser von knapp 3 500 km. Seine Masse beträgt nur 1/81 der Erdmasse. Dadurch herrscht an der Mondoberfläche eine wesentlich geringere Schwerkraft als auf der Erde. Eine Rakete benötigt nur 2,4 km/s Geschwindigkeit, um dem Schwerfeld des Mondes zu entkommen, bei der Erde sind es 11,2 km/s.

Der Mond verfügt praktisch über keine Atmosphäre. Deshalb konnten kosmische Kleinkörper ungehindert seine Oberfläche prägen. Schon in kleinen Fernrohren kann man die typischen Formationen wahrnehmen: Krater und Rundwälle vor allem sind hauptsächlich das Ergebnis von Meteoriteneinschlägen. Bei den großen dunklen Feldern, die auf den ersten Blick wie Meere anmuten, handelt es sich um Tiefebenen, die im Zusammenhang mit früherem Vulkanismus entstanden sind. Die großen Gebirgszüge, die nach den Bergwelten unserer Erde benannt sind (Kaukasus, Alpen, Karpaten

usw.), ragen bis zu 10 000 m über den Mondboden empor.
Durch die Raumfahrt ist der Mond inzwischen zu einem Forschungsgegenstand von Geologen und Mineralogen geworden, die eine Fülle von Details über unseren kosmischen Begleiter herausfanden. In der Zukunft wird es wohl unbemannte und bemannte Forschungsstationen auf dem Mond geben. Die Entdeckung von Wasser in gebundener Form läßt die Raumfahrtexperten bereits heute darüber spekulieren, wie man dieses Vorkommen für die geplanten Aktivitäten des Menschen auf der Oberfläche des Mondes eventuell nutzbar machen kann.

WERDEN BEI VOLLMOND MEHR MENSCHEN GEBOREN?

Dem Mond werden in jüngster Zeit immer mehr Einflüsse auf das menschliche Leben zugeschrieben. In einer Fülle von Büchern wird empfohlen, man solle sein Leben nach dem Mond einrichten. Die Mondphase oder die Stellung des Mondes in einem der Tierkreiszeichen soll uns verraten, wann wir am besten einen Zahnarzt oder Friseur besuchen, wann wir den Garten pflegen oder unser Auto besser zu Hause stehen lassen, weil die Vollmondphase angeblich zu aggressiverem Fahren bei den meisten Autobesitzern führt. Daß bei Vollmond mehr Kinder geboren werden, zählt fast schon zum Allgemeingut der „Mondgläubigen“. Aus naturwissenschaftlicher Sicht handelt es sich durchweg um völlig abwegige Behauptungen. Keine der bisher verbreiteten Hypothesen hielt einer statistischen Überprüfung stand. So sind z. B. die meisten Hebammen an der Nordseeküste davon überzeugt, daß Geburten fast nur bei Flut stattfinden. Eine Untersuchung der Aufzeichnungen in Krankenhäusern und der Hebammen selbst zeigte jedoch, daß mehr als die Hälfte aller Spontangeburten sich bei Ebbe ereigneten.
Der einzige Einfluß, den der Mond auf die Erde tatsächlich ausübt, ist das Phänomen der Gezeiten, d. h. von Ebbe und Flut. Durch die Anziehungskraft des Mondes (und in geringerem Maße auch der Sonne) bilden sich im Wasser der Ozeane Gezeitenwellen heraus. Die Wellenberge liegen annähernd auf einer Geraden zum Mond, während sich die Erde unter ihnen hinwegdreht. Der hohe wie auch der niedrige Wasserstand wirkt sich u. a. an den Küsten der offenen Meere aus und kann dort deutlich beobachtet werden. Im Abstand von etwa 6 Stunden treten Ebbe und Flut auf.

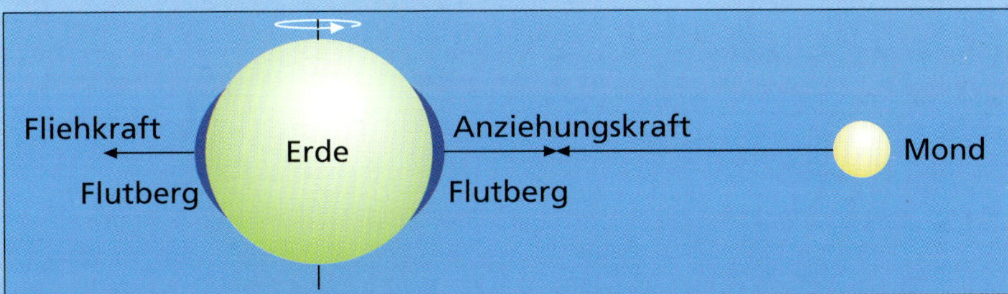

Die Entstehung von Ebbe und Flut (Gezeiten) durch die Anziehungskraft des Mondes

MARS

Der Mars ist ein auffälliges Objekt unter den Sternen des Himmels. Einerseits besticht er durch seine deutlich rötliche Färbung, andererseits durch seine Helligkeit, die außerdem extrem stark schwankt. Zur Zeit seiner größten Helligkeit strahlt der Mars wesentlich intensiver als der hellste Fixstern des Himmels, Sirius, im Sternbild Großer Hund.

Schon in der Zeit der babylonischen Astronomie, als man in den Planeten noch Verkünder göttlichen Willens erblickte, wurde Mars sorgfältig beobachtet. Der Planet mit der Feuerfarbe wurde für die Deuter der Sterne zum Symbol für Blut, Feuer und Krieg. Sein Name erinnert uns bis heute daran, denn Mars ist der römische Gott des Krieges, der dem griechischen Ares entspricht. In der Geschichte der Astronomie machte der rote Planet schon mehrfach von sich reden: Johannes Kepler entdeckte durch die Analyse der beobachteten Positionen des Mars zu Beginn des 17. Jahrhunderts die elliptische Form der Planetenbahnen. Als Mars der Erde im Jahre 1877 besonders nahe kam, fand der italienische Astronom G. Schiaparelli auf der Oberfläche des Planeten geometrisch anmutende Gebilde, die er canali (Kanäle) nannte. Diese Kanäle beflügelten die Phantasie der Menschen derart, daß man den Mars fortan für einen bewohnten Planeten hielt, denn welchem anderen Zweck konnten die Kanäle wohl dienen, als die

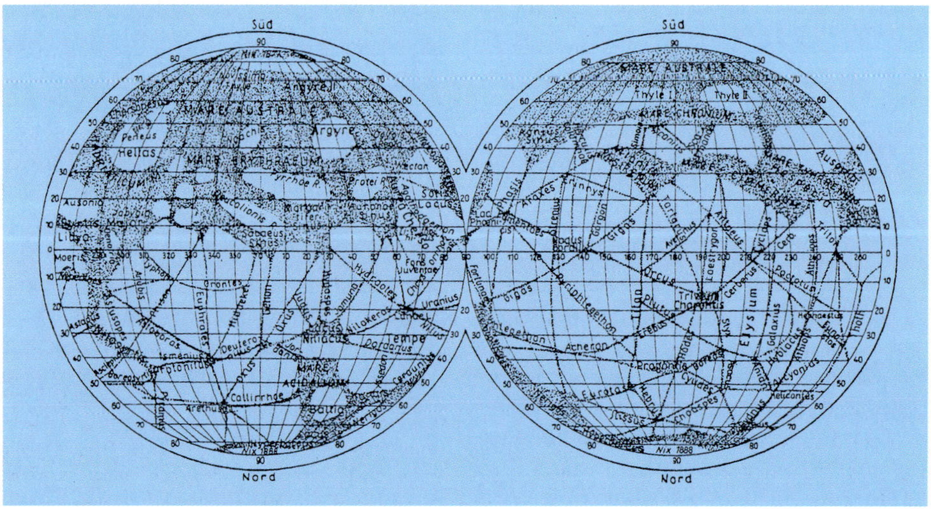

Der Mars mit seinen „Kanälen", wie ihn Schiaparelli 1877 sah.

Wassermassen des Planeten von Kontinent zu Kontinent zu leiten? Spätere Forschungen brachten jedoch die Ernüchterung. Die Kanäle erwiesen sich als optische Täuschungen. Aber das Thema „Leben auf dem Mars“ ist bis heute aktuell geblieben.

1877 wurden auch die beiden unregelmäßig geformten Monde des Planeten entdeckt, die auf die Namen Phobos und Deimos getauft wurden – Furcht und Schrecken – passend zum „Kriegsgott“.

Mars in Opposition

Mars ist der erdnächste Wandelstern, der sich außerhalb unseres Heimatplaneten um die Sonne bewegt. Die Abweichung (Exzentrizität) seiner Bahnform vom idealen Kreis ist stärker als bei anderen Planeten, so daß die Entfernung des Mars von der Sonne minimal 1,38 Astronomische Einheiten und maximal 1,67 Astronomische Einheiten beträgt. Die Entfernung des Planeten von der Erde unterliegt dadurch enormen Schwankungen: Im günstigsten Fall beträgt der Abstand zwischen Erde und Mars aber nur 55,8 Millionen km, im ungünstigsten hingegen 399,9 Millionen km. Dies ist auch der entscheidende Grund für die sehr starken Helligkeitsschwankungen des Planeten.

Je nach der Entfernung von der Erde verändert sich natürlich auch der Durchmesser des Scheibenbildes, so daß wir bei geringen Abständen schon mit relativ kleinen Fernrohren recht viele Einzelheiten erkennen können, während bei großen Distanzen eine Beobachtung kaum lohnt. Der Abstand zwischen Mars und Erde ist stets dann am kleinsten, wenn

MARS IN ZAHLEN

Äquatordurchmesser (km)	6794
Masse (Erde = 1)	0,107
Mittlere Dichte (g/cm^3)	3,93
Mittlere Entfernung des Planeten von der Sonne (in AE)	1,52
Umlaufzeit um die Sonne (Tage)	687
Eigenrotation (Stunden)	24,02
Hauptbestandteile der Atmosphäre	CO_2 (95 %), N_2 (3 %)
Anzahl der bekannten Monde	2
Bahnneigung (Ekliptik in Grad)	23° 59'

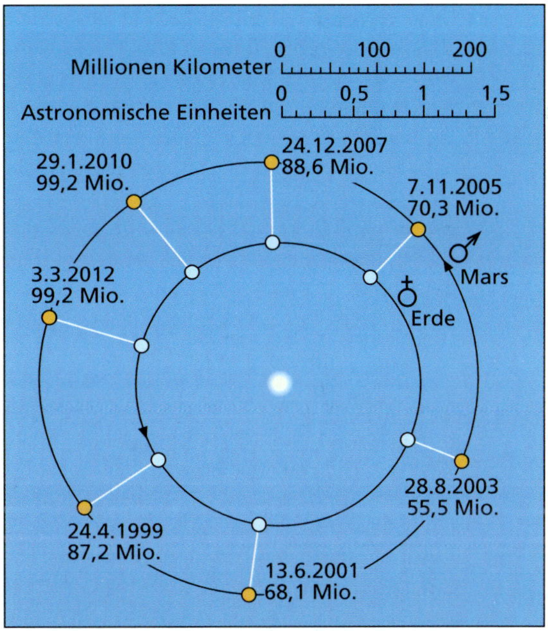

So kommen die unterschiedlichen Entfernungen zwischen Mars und Erde zustande: Befindet sich der Mars gleichzeitig in Sonnennähe und in seiner „Gegenstellung“ (Opposition), und nimmt die Erde zu diesem Zeitpunkt ihre sonnenfernste Position ein, so kommt es zur maximalen Annäherung zwischen den beiden Planeten (Perihelopposition).

Drei Fotos des Planeten Mars zur Zeit der größten Annäherung an die Erde am 10. 3. 1997, aufgenommen vom Hubble-Space-Teleskop

der Planet von der Erde aus gesehen der Sonne genau gegenübersteht, d. h. sich in „Oppositionsstellung“ befindet. Der Abstand von einer Opposition zur nächsten beträgt 2 Jahre und 50 Tage. Findet diese Opposition gerade statt, während Mars den sonnennächsten Punkt seiner elliptischen Bahn durchläuft, schrumpft die Entfernung zwischen Erde und Mars auf den geringsten möglichen Wert zusammen. Solche besonders günstigen Annäherungen ergeben sich allerdings nur alle 16 Jahre. Die nächste „Perihelopposition“ erwarten wir für das Jahr 2003!

Ein unwirtlicher Gesell’

Der Planet Mars besitzt einen Äquatordurchmesser von 6794 km und eine Masse von nur rund einem Zehntel (0,107) der Erdmasse. Daraus ergibt sich eine mittlere Dichte von 3,93 g/cm^3. Ein Körper wiegt auf dem Mars infolge der geringeren Schwerebeschleunigung nur 0,38 des Wertes auf der Erde. Ein „Marsjahr“ dauert 687 Erdentage. Ein Marstag 24 Stunden 37 Minuten 22,6 Sekunden, entspricht also fast der Dauer eines Erdentages. Auch die Neigung der Rotationsachse des Planeten gegen eine Senk-

rechte zur Marsbahn ist mit 23°59' jener der Erde sehr ähnlich. Dadurch ergeben sich jahreszeitliche Phänomene, die ebenfalls denen der Erde in vielerlei Hinsicht entsprechen, wenn auch das Marsjahr fast doppelt solange dauert wie ein Erdenjahr.

Schon von der Erde aus lassen sich jahreszeitlich bedingte Veränderungen auf der Oberfläche des Mars erkennen. So findet man z. B. an den beiden Polen des Planeten kreisähnliche helle Kappen, die im Marswinter eine wesentlich größere Fläche bedecken als im Sommer. Sie bestehen sowohl aus Wassereis als auch aus Kohlendioxidschnee, der aus der stark kohlendioxidhaltigen Marsatmosphäre auskondensiert. Die Marsatmosphäre besteht an der Oberfläche zu 95 % aus Kohlendioxid, zu knapp 3 % aus Stickstoff und zu knapp 2 % aus Argon. Die Atmosphäre ist jedoch außerordentlich dünn. Der atmosphärische Druck beträgt an der Marsoberfläche nur 6,1 Pascal, rund 1/100 des mittleren irdischen Drucks auf dem Niveau des Meeresspiegels. Während die Venusatmosphäre für einen ausgeprägten Treibhauseffekt sorgt und die Erdatmosphäre einen spürbaren Schutz gegen Wärmeabstrahlung bietet, führt die extrem dünne Marsatmosphäre zu starken Schwankungen der Temperaturen an der Marsoberfläche: Die täglichen Temperaturdifferenzen können im Sommer bis zu 60 Grad betragen. Noch stärker sind die Unterschiede zwischen den Wintertemperaturen an den Polen, die bei −140 °C liegen und den Sommertemperaturen am Äquator, die sich um +20 °C bewegen.

Unsere Kenntnisse über die Oberfläche des Planeten beruhen im wesentlichen auf den Erkundungen der Raumfahrt, vor allem der amerikanischen Mariner- und Viking-Sonden sowie der Pathfinder-Mission in Verbindung mit dem Global Surveyor. In geringem Umfang trugen auch die oft vom Pech verfolgten sowjetischen Mars-Sonden zu unserem heutigen Bild vom Mars bei. Seit Anfang der 60er Jahre haben all diese Raumfahrtunternehmen, die mehrfach mit Landungen von Meßkapseln und beweglichen Laboratorien verbunden waren, unser Bild vom roten Planeten gründlich gewandelt und die

LEBEN AUF DEM MARS?

Neuerdings ist die Frage nach einfachsten Lebewesen auf dem Mars wieder stark in die Diskussion geraten, nachdem man in einem vom Planeten Mars stammenden Meteoriten, der in der Antarktis gefunden wurde, entsprechende Hinweise entdeckt hat. Die beiden Missionen Viking 1 und 2 (1976) zum roten Planeten hatten sich ebenfalls mit der Suche nach biologischen Aktivitäten beschäftigt, jedoch ohne Erfolg. Schon damals äußerten aber Experten die Vermutung, daß vielleicht an anderer Stelle oder zu anderen Zeiten auf dem Mars Leben existiert haben könnte oder sogar noch existiert. Die Analyse des Meteoriten ALH 84 001 hat nun diesbezügliche Hinweise ergeben. Winzige fadenförmige Strukturen, die sich nur im Elektronenmikroskop zu erkennen geben, sind versteinerten Bakterien ähnlich, die man in irdischen Fossilien gefunden hat. Auch konnte man eiförmige Strukturen nachweisen, die sich als Überreste von Marsmikroben deuten lassen. Mehrere Forschergruppen haben die Ergebnisse inzwischen bestätigt. Andere melden Zweifel an. Sollten die Optimisten recht behalten, so könnte man jedenfalls davon ausgehen, daß in fernster Vergangenheit des Planeten, vor einigen Milliarden Jahren, einfache Formen primitiven Lebens auf dem roten Planeten existiert haben.

ALH 84001 – der antarktische Meteorit vom Planeten Mars

früheren erdgebundenen Forschungsresultate weitgehend überholt.

Mars ist ein trockener und kalter Wüstenplanet, der – ähnlich wie der Erdmond – von großen Kraterlandschaften geprägt wird, die das Ergebnis von Einschlägen großer und kleinerer Meteorite darstellen. Die Kraterdichte ist jedoch deutlich geringer als jene des Mondes der Erde. Auch zeigen die Marskrater starke Verwitterungserscheinungen. Andere Phänomene der Marsoberfläche deuten darauf hin, daß in ferner Vergangenheit große Mengen von Wasser auf dem Mars vorhanden gewesen sein müssen. Einerseits finden wir nämlich zahlreiche ausgetrocknete Flußbetten in Gestalt gewundener und verästelter Täler, andererseits auch große Gebiete, die dereinst riesige Seen, vielleicht sogar einen gigantischen Ozean gebildet haben. Erst unlängst wurde die Überzeugung vom Vorhandensein größerer Wassermassen in der Vergangenheit des Planeten durch die Pathfinder-Mission zum roten Planeten wieder bekräftigt. Möglicherweise haben sich wärmere und kältere Perioden abgewechselt, so daß gefrorenes Wasser aus dem Marsboden zeitweise abtauen und Seen, Flüsse und Meere bilden konnte.

Auch die heute wahrscheinlich nicht mehr aktiven Vulkane dürften als Quelle von Wasser in Frage kommen. Der größte dieser zahlreichen Vulkane, der Olympus Mons, übertrifft an Dimension alles im Sonnensystem sonst Bekannte:

Sein Durchmesser beträgt 600 km, und er überragt seine Umgebung um 26 000 m! Sogar von der Erde aus ist diese mächtige Formation mit Fernrohren zu erkennen. Neben diesem und anderen Vulkanen, die entsprechenden irdischen Gebilden, etwa den Hawaiianischen Schildvulkanen durchaus ähneln, finden sich auch noch andere vergleichbare Strukturen. So gibt es z. B. gewaltige Verwerfungen, die an den irdischen Grand Canyon in Arizona (USA) erinnern: Unweit des Marsäquators liegt das „Valles Marineris" – ein gewaltiger Grabenbruch von 4 600 km Länge, 70 km Breite und einer Tiefe bis zu 7 000 m.

Alles in allem ist Mars ein Individuum wie alle anderen Planeten auch. Er ist mit keinem anderen Wandelstern wirklich in allem vergleichbar. Seine Geschichte und seine Stellung im Sonnensystem haben ihn zu einem spannenden Objekt werden lassen, das wir heute erforschen. Viele Details sind noch unverstanden. Doch zukünftige Missionen zum Mars werden hier in absehbarer Zeit wahrscheinlich erhebliche Fortschritte bringen. Es besteht fast kein Zweifel mehr daran, daß Mars der erste Planet außerhalb der Erde sein wird, den Menschen betreten werden. Der genaue Zeitpunkt ist allerdings immer noch ungewiß.

JUPITER

Der Jupiter zählt zu den hellsten Gestirnen des Firmaments. Lichtschwächer als Venus, übertrifft er dennoch die Helligkeit des Sirius, des hellsten Fixsterns des Himmels.

Die auffallende Helligkeit und die majestätisch langsame Bewegung des Jupiter veranlaßte bereits die Römer, ihn nach ihrem höchsten Gott zu benennen. Bei den Griechen wurde der Planet mit Zeus identifiziert.

Den ersten Fernrohrbeobachtern offenbarte Jupiter eine detailreiche Oberfläche mit streifenartigen Gebilden. Auch zeigte sich eine deutliche Abplattung des Planeten. Geradezu sensationell wirkte die Entdeckung von vier Monden des Jupiter durch Galilei (1610). Damit war nämlich bewiesen, daß nicht nur die Erde – wie damals vor allem von der Kirche energisch vertreten – das Zentrum für die Bewegung von Himmelskörpern sein

JUPITER IN ZAHLEN

Äquatordurchmesser (km)	143 000
Masse (Erde = 1)	317,9
Mittlere Dichte (g/cm³)	1,33
Mittlere Entfernung des Planeten von der Sonne (in AE)	5,2
Umlaufzeit um die Sonne (Jahre)	11,86
Eigenrotation (Tage)	0,41
Anzahl der bekannten Monde	16
Bahnneigung (gegen Ekliptik in Grad)	1° 18'

Jupiter und seine vier Monde, wie sie im Laufe der Zeit um den Riesenplaneten kreisen.

konnte. Bald fand man heraus, daß die auf Jupiter beobachteten Flecke und Streifen wohl gar nicht der Oberfläche des Planeten zugehörten, sondern atmosphärische Erscheinungen darstellten. Dazu zählte auch ein bereits im 17. Jahrhundert entdecktes riesiges ovales Gebilde von etwa 40 000 km Längsausdehnung, der „Große Rote Fleck".

Das moderne Bild des Planeten Jupiter ist von den Ergebnissen der Raumfahrt geprägt. Vor allem die beiden amerikanischen Voyager-Sonden, die den Planeten im Jahre 1979 passierten, brachten eine solche Fülle von Forschungsmaterial, darunter gestochen scharfe Farbfotografien, daß im Ergebnis der Auswertung ein völlig neues Bild des Planeten entstand. Nachdem bereits von der Erde aus ab 1892 immer neue Monde des Jupiter entdeckt worden waren, vergrößerte sich deren Zahl durch die Teleskope der Raumsonden nochmals. Auch in Zukunft wird Jupiter das Ziel von Raumflugmissionen sein, denn die neuen Ergebnisse haben eine Fülle von Fragen aufgeworfen, die noch ihrer Antwort harren.

Streifen, Ringe und Monde

Jupiter bewegt sich jenseits der Bahn des Planeten Mars um die Sonne. Sein mittlerer Abstand vom Zentralgestirn Sonne beträgt 5,2 Astronomische Einheiten (das sind rund 780 Millionen Kilometer). Entsprechend dieser großen Entfernung dauert ein voller Umlauf um die Sonne knapp 12 Jahre. Die Entfernung Erde-Jupiter kann zwischen rund 590 Millionen km und 970 Millionen km schwanken. Das Scheibenbild hat im günstigsten Fall einen Durchmesser von 50, im ungünstigsten nur von 30 Bogensekunden.

Jupiter ist der größte und massereichste Planet des gesamten Sonnensystems. Sein Äquatordurchmesser übertrifft mit rund 143 000 km den der Erde um das etwa 11fache. Die starke Abplattung des Giganten erkennt man an dem rund 9 000 km geringeren Poldurchmesser. Der Planet hat 318mal so viel Masse wie die Erde. Aus Masse und Volumen ergibt sich die erstaunlich geringe Dichte von 1,33 g/cm^3, die nur wenig über der des Wassers liegt. Allein dies läßt erkennen, daß Jupiter eine völlig andersartige Zusammensetzung haben muß als die Planeten Merkur, Venus, Erde und Mars. Der Tag dauert auf Jupiter in Äquatornähe nur knapp 10 Stunden. Diese rasche Rotation erklärt auch die starke Abplattung des Himmelskörpers.

Jupiter besitzt keine feste Oberfläche. Alle beobachteten Details sind Erscheinungsformen der Jupiteratmosphäre. Diese unterliegt raschen Veränderungen. Andererseits gibt es aber auch beständige Phänomene wie die äquatorparallelen dunklen und hellen Streifen und den Großen Roten Fleck. Auch diese verändern aber ihr Erscheinungsbild. Die Veränderungen in der Jupiteratmosphäre sind ein Hinweis auf starke Strömungen. Das Streifen- und Bändersystem ist durch Windgeschwindigkeiten von bis zu 500 km pro Stunde gekennzeichnet – die fast 5fache Geschwindigkeit irdischer Orkane! Der Große Rote Fleck ist der gewaltigste aller Wolkenwirbel. Daß er über Jahrhunderte hinweg stets in derselben Position beobachtet wird, deutet darauf

Jupiter in einer Aufnahme der Raumsonde Voyager

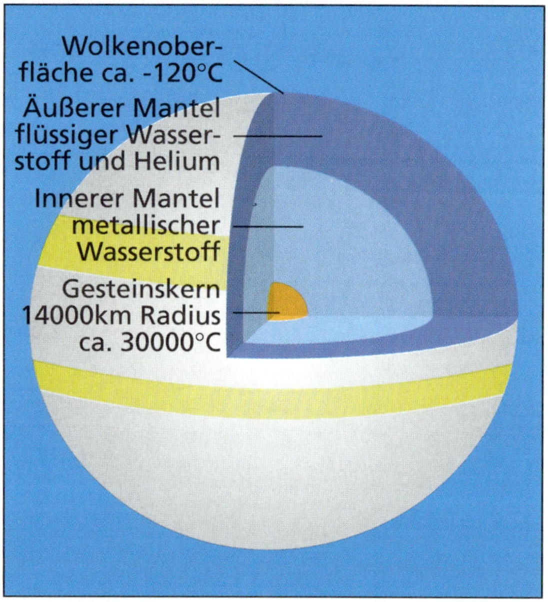

Schematische Darstellung des inneren Aufbaus des Jupiters

hin, daß er von einer ortsfesten tiefergelegenen Quelle gespeist wird. Die Jupiteratmosphäre besteht im wesentlichen aus Wasserstoff und Helium. In geringeren Beimengungen kommen aber auch Methan, Ammoniak, Wasserdampf und andere Gase vor. Die Atmosphäre besitzt eine Mächtigkeit von etwa 1 000 km. An der oberen Wolkenschicht liegen die Temperaturen bei etwa – 150 °C.

Es wird angenommen, daß sich unterhalb der Atmosphäre eine ausgedehnte Schicht aus flüssigem Wasserstoff befindet. Durch den zunehmenden Druck geht der Wasserstoff bei etwa 50 000 km Entfernung vom Zentrum des Planeten in einen Zustand über, bei dem er sich wie ein Metall verhält. Tief im Inneren des Planeten befindet sich höchstwahrscheinlich ein fester Gesteinskern mit Eisenbestandteilen.

Eine interessante Besonderheit des Jupiter besteht darin, daß er mehr Energie abstrahlt als er von der Sonne empfängt. In seinem Inneren muß sich also eine Energiequelle befinden. Wahrscheinlich stammt die Wärme aus der Entstehungszeit des Planeten. Damals – vor Milliarden von Jahren – gab es eine Phase der Zusammenziehung (Kontraktion), bei der Energie frei wurde, die sich offensichtlich noch heute im Inneren des Planeten befindet. Möglicherweise vollzieht sich bei Jupiter auch heute noch eine geringfügige Kontraktion.

Zu den größten Überraschungen der Voyager-Mission zählte die Entdeckung eines Ringsystems bei Jupiter, wie man es bis dahin nur von Saturn gekannt hatte. Allerdings sind die Jupiterringe weniger ausgedehnt und können von der Erde aus nicht gesehen werden. Mindestens drei einzelne Ringe, die nur etwa 30 km dick sind, erstrecken sich in unterschiedlichen Abständen um den Planeten. Wie ein Minisystem von Planeten bewegen sich insgesamt 16 Monde um den Riesenplaneten. Die letzten drei wurden von Voyager gefunden. Die größten vier Jupitermonde Io, Europa, Ganymed und Kallisto, die sogenannten Galileischen Monde, sind etwa ebensogroß wie die kleineren Planeten Merkur und Pluto. So ist z. B. der Jupitermond Ganymed mit ungefähr 5 300 km Durchmesser sogar größer als Merkur. Die anderen Monde haben zumeist erheblich kleinere Abmessungen. Ihre Durchmesser liegen bei einigen Dutzend Kilometern.

Die farbenprächtige Oberfläche des Jupitermondes Io, aufgenommen im Jahre 1996 von der Galileo-Sonde

Die Galileischen Monde wurden durch Raumsonden gründlich erforscht und bieten vielerlei Überraschungen. Io erwies sich als einer der spektakulärsten Körper des Sonnensystems. Seine Oberfläche, die stark von den Farben Rot und Orange geprägt ist, läßt jede Art der sonst im Sonnensystem weit verbreiteten Einschlagkrater vermissen. Statt dessen finden wir überall Spuren eines höchst aktiven Vulkanismus. Allein während des Vorbeifluges von Voyager wurden neun Vulkanausbrüche direkt beobachtet. Da dieser Mond keine merkliche Atmo-

sphäre besitzt, schießen die vulkanischen Materialien hoch empor und bilden dann beim Zurückfallen häufig eindrucksvolle symmetrische Gebilde.
Europa ist von einem den ganzen Himmelskörper überziehenden Netzwerk bruchartiger Strukturen gekennzeichnet. Seine Oberfläche besteht aus einem möglicherweise bis zu 100 km dicken Eispanzer. Auch Ganymed ist ein Eismond, dessen Oberfläche sowohl Einschlagkrater wie auch Rillensysteme prägen. Kallisto, der äußere der vier Galileischen Monde, ist über und über von Einschlagkratern bedeckt.

Bei den kleineren Jupitermonden handelt es sich um meist unregelmäßig geformte Körper, die auch himmelsmechanisch recht interessant sind. Einige dieser Monde umlaufen den Planeten rückläufig, d. h. entgegen der Bewegungsrichtung der anderen. Manche Forscher sind der Ansicht, daß diese Monde vielleicht gruppenweise aus früher einmal größeren Körpern entstanden sind, die dann auseinandergebrochen sind. Darauf deutet der Umstand hin, daß etliche der kleinen Monde sehr ähnliche mittlere Abstände vom Jupiter und auch sehr ähnliche Bahnneigungen aufweisen.

SATURN

Mit seinem ruhig-gelblichen Licht ist der Saturn ein auffälliges Gestirn. An Helligkeit bleibt der Planet allerdings gegenüber Venus und Jupiter merklich zurück.

Saturn ist nach einer altitalischen Gottheit benannt, die dem griechischen Kronos entspricht, dem Vater des Zeus. Nach der Erfindung des Fernrohrs sorgte Saturn für eine große Überraschung, als Ch. Huygens im Jahre 1659 einen Ring um den Planeten entdeckte. Die späteren leistungsfähigeren Fernrohre ließen erkennen, daß es sich in Wirklichkeit um mehrere Ringe handelte, die durch Lücken voneinander getrennt erscheinen. G. D. Cassini, der 1675 die erste und heute nach ihm benannte Teilung des Saturnringes entdeckte, vertrat die Ansicht, daß es sich bei den Ringen des Saturn nicht um ein starres Gebilde, sondern um eine Ansammlung von Einzelteilchen handelt. Erst im späten 19. Jahrhundert

SATURN IN ZAHLEN

Äquatordurchmesser (km)	120 000
Masse (Erde = 1)	95,14
Mittlere Dichte (g/cm^3)	0,69
Mittlere Entfernung des Planeten von der Sonne (in AE)	9,5
Umlaufzeit um die Sonne (Jahre)	29,46
Eigenrotation (Stunden)	10,66
Anzahl der bekannten Monde	23
Bahnneigung (gegen Ekliptik in Grad)	2,5

Saturn in einer Aufnahme des Hubble-Space-Teleskopes

konnte diese Auffassung durch Beobachtungsergebnisse untermauert werden. Es zeigte sich nämlich, daß die inneren Teile des Ringes schneller um den Saturn rotieren als die äußeren. Die verschiedenen Teile des Ringes bewegen sich somit nach denselben Gesetzen um den Saturn wie die Planeten um die Sonne. Das ist nur möglich, wenn der Ring aus einzelnen Körpern zusammengesetzt ist.

Den Durchbruch in der Erforschung des Saturn brachten die amerikanischen Raumsonden Pioneer 11 (Vorbeiflug in 21 000 km Entfernung 1979) und Voyager 1 und 2 (Vorbeiflüge in 142 000 bzw. 101 000 km in den Jahren 1980 bzw. 1981). Die bei diesen Missionen übermittelten Daten, insbesondere die gestochen scharfen Fotos, bestätigten zwar manch frühere Erkenntnis, brachten aber zugleich eine Fülle neuer Details ans Licht, die das heutige Bild des Ringplaneten wesentlich prägen.

Gewaltige Ringsysteme

Saturn bewegt sich jenseits der Bahn des Jupiter um die Sonne. Seine mittlere Entfernung beträgt 9,5 Astronomische Einheiten (rund 1,4 Milliarden km). Für einen vollen Umlauf um die Sonne benötigt Saturn knapp 30 Jahre. Obschon der Planet mit einem Äquatordurchmesser von rund 120 000 km dem Jupiter nicht wesentlich nachsteht, erscheint er doch wegen seiner größeren Entfernung von der Erde aus im günstigsten Fall nur unter einem Winkel von 20 Bogensekunden. Auch Saturn zeigt eine auffällige Abplattung. Die Differenz zwischen seinem Äquator- und seinem Poldurchmesser beträgt rund 13 000 km – die größte Abplattung eines Planeten überhaupt. Mit einer Masse vom etwa 95fachen der Erdmasse steht Saturn in dieser Hinsicht an zweiter Stelle im Sonnensystem.

Sowohl die Beobachtungen von der Erde aus als auch die Ergebnisse der Raumfahrtunternehmen lassen erkennen, daß die Atmosphäre des Saturn in vielerlei Hinsicht jener des Jupiter ähnelt: Auch beim Saturn finden wir ein ausgeprägtes System äquatorparal
Bänder, die allerdings
Erscheinung treten a
gemessenen Windge
reichen teilweise 1 5
somit noch höher al
ortsfeste Turbulenze
nannter weißer Fle
worden. Zwar stehe
keit und Ausdehnun
Fleck des Jupiter na
auffällige Gebilde in der Saturnatmosphäre dar.

Auch Saturn sendet mehr Energie in den Weltraum als er von der Sonne empfängt.

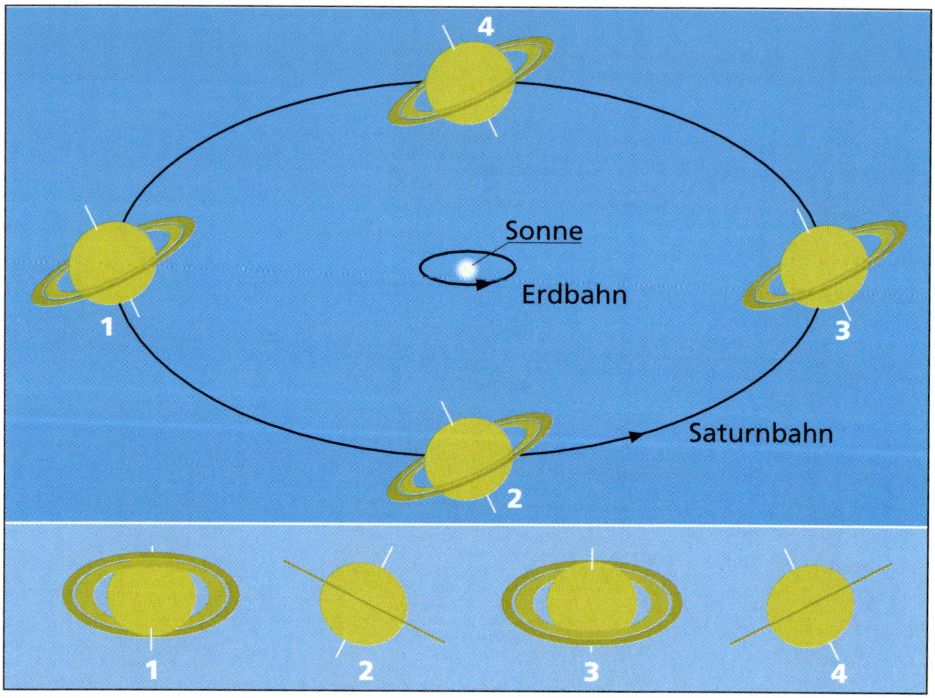

Die verschiedenen Blickrichtungen auf den Saturnring – von der Erde aus gesehen

Somit verfügt auch er über eine innere Energiequelle.
Die Zusammensetzung der Atmosphäre des Saturn ist überwiegend durch Wasserstoff (93 %) und Helium (6 %) sowie einer Reihe von Spurengasen wie Ammoniak und Methan geprägt. Der innere Aufbau des Planeten ist mit dem des Jupiter weitgehend vergleichbar: Der Atmosphäre des Planeten folgt ein mächtiger Mantel aus flüssigem Wasserstoff, der etwa bis zur Hälfte des Saturnradius reicht. Diesem schließt sich eine Zone aus metallischem Wasserstoff an. Im Zentrum dürfte sich ein Gesteinskörper mit hohem Eisengehalt befinden, der etwa die Größe des Planeten Erde besitzt.
Sein besonderes und im gesamten Sonnensystem einmaliges Gepräge erhält Saturn jedoch durch sein Ringsystem. Zwar wurden inzwischen auch Ringsysteme bei Jupiter, Uranus und Neptun bekannt, doch keines davon weist auch nur entfernt die gewaltigen Dimensionen und einen derartig komplexen Formenreichtum auf, wie die Ringe des Saturn. Diese Besonderheit kommt u. a. darin zum Ausdruck, daß nur das Saturnringsystem mit kleineren Fernrohren von der Erde aus gesehen werden kann. Da die Ringebene mit der Äquatorebene des Planeten zusammenfällt, ist sie gegen die Bahnebene des Saturn um rund 27° geneigt. Von der Erde aus können wir die Saturnringe deshalb im Laufe eines Saturnjahres unter verschiedenen Blickwinkeln betrachten. Zweimal in 30 Jahren zeigen sich die Ringe in ihrer größten Öffnung. Dann ist der Winkel zwischen der Verbindungslinie Erde-Saturn und der Ringebene besonders groß und der Anblick der Ringe sehr eindrucksvoll. Dazwischen kommt es aber auch zweimal zu den sogenannten Kantenstellungen. Wir blicken dann direkt auf die dünne Kante des Ringes und haben dabei den Eindruck, der Planet habe gar keine Ringe mehr. Im Jahre 2003 werden wir wieder die größte Ringöffnung mit Blick auf die Südseite des Ringes verzeichnen. Die nächste Kantenstellung ergibt sich im Jahre 2009.

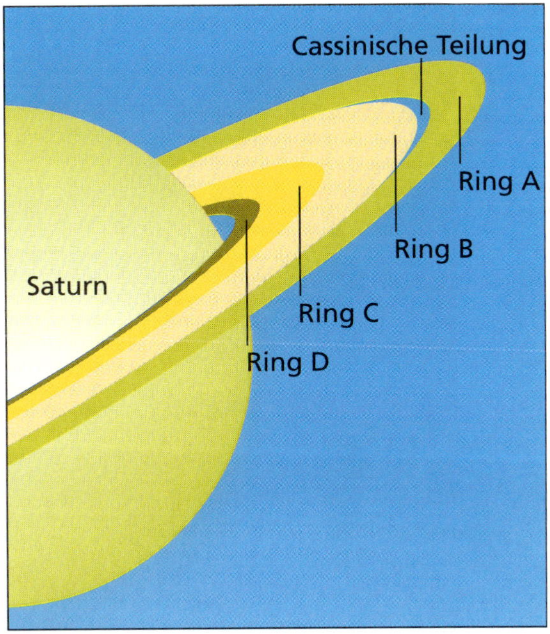

Schematische Darstellung des Aufbaus des Saturnring-Systems

Schon von der Erde aus wurden verschiedene Teile des Ringsystems entdeckt, die durch Lücken voneinander getrennt zu sein scheinen. Die Raumsonden haben in dieser Hinsicht noch viel mehr Details ans Licht gefördert. Insbesondere wurden weitere Ringe gefunden, die irdischen Te-

Voyager-Aufnahme des Saturnmondes Titan

leskopen verborgen bleiben. Außerdem zeigte sich, daß die „Lücken" in Wirklichkeit gar nicht teilchenleer sind, sondern daß dort lediglich andere Teilchengrößen vorkommen und andere Teilchenkonzentrationen herrschen.

Das Ringsystem beginnt mit dem innersten Ring, der knapp 7 000 km hoch über dem Saturnäquator schwebt und somit fast die äußere Atmosphäre des Planeten berührt. Der äußere Rand des letzten Ringes hingegen endet bei ungefähr 500 000 km Entfernung vom Saturnmittelpunkt. Allein jener Teil des Ringsystems, den wir von der Erde aus sehen können, hat einen Gesamtdurchmesser von rund 275 000 km.

Saturn bricht noch einen weiteren Rekord: Er ist der mondreichste Planet des Sonnensystems. Zu den 10 Monden, die bereits mit irdischen Teleskopen gefunden wurden, kamen durch die Raumsonden noch 13 weitere hinzu. Allerdings handelt es sich dabei zum großen Teil um recht winzige Körper von wenigen Kilometern Durchmesser. Nur zehn der Saturnsatelliten sind über 200 km groß, allen voran der bereits von Huygens 1655 entdeckte Titan. Er stellt mit einem Durchmesser von reichlich 5 000 km den zweitgrößten Mond des Sonnensystems überhaupt dar. Titan beansprucht lebhaftes Interesse der Forschung, denn er ist als einziger Satellit eines Planeten von einer Atmosphäre umgeben, die hauptsächlich aus Stickstoff (94 %) und Methan (6 %) sowie aus Spurengasen besteht. Möglicherweise regnet es aus dieser Atmosphäre des Titan auf die steinige und vereiste Oberfläche des merkurgroßen Mondes.

Himmelsmechanisch interessant sind einige der winzigeren Saturnsatelliten. Etliche von ihnen laufen am inneren und äußeren Rand von Ringen und stabilisieren diese dadurch. Sie werden deshalb als „Hirtenmonde" bezeichnet. Ohne sie hätten sich die entsprechenden Ringteile wahrscheinlich längst aufgelöst.

Das gesamte Ringsystem besteht aus unterschiedlich großen Einzelteilchen – angefangen von 1 m großen Brocken bis herab zu feinstem Staub im Submillimeterbereich.

URANUS

Die Helligkeit des Uranus wird nur unter günstigen Bedingungen so groß, daß man den Planeten gerade noch mit dem bloßen Auge erkennen kann – dies aber auch nur, wenn man seine Position am Himmel genau kennt.

Während die bisher behandelten Planeten von Merkur bis Saturn bereits von alters her bekannt sind, ist Uranus erst in der jüngeren Vergangenheit entdeckt worden. Als der Astronom F. W. Herschel im März 1781 den Himmel absuchte, fand er unter den punktförmigen Sternen ein etwas verwaschen wirkendes Objekt, das er zunächst für einen Kometen hielt. Doch bald zeigte sich, daß er einen bis dahin unbekannten Planeten entdeckt hatte, der später den Namen Uranus erhielt. Da sich dieser Planet noch weiter entfernt von der Sonne bewegte als alle anderen Wandelsterne, war es schwierig, irgendwelche Details auszumachen. So nannten die Astronomen den Neuling lange Zeit einen „Himmelskörper ohne Eigenschaften", womit gemeint war, daß man außer Masse, Um-

URANUS IN ZAHLEN

Äquatordurchmesser (km)	51 000
Masse (Erde = 1)	14,54
Mittlere Dichte (g/cm^3)	1,27
Mittlere Entfernung des Planeten von der Sonne (in AE)	19,3
Umlaufzeit um die Sonne (Jahre)	84,02
Eigenrotation (Tage)	17 (retrograd)
Anzahl der bekannten Monde	15
Bahnneigung (gegen Ekliptik in Grad)	0,7

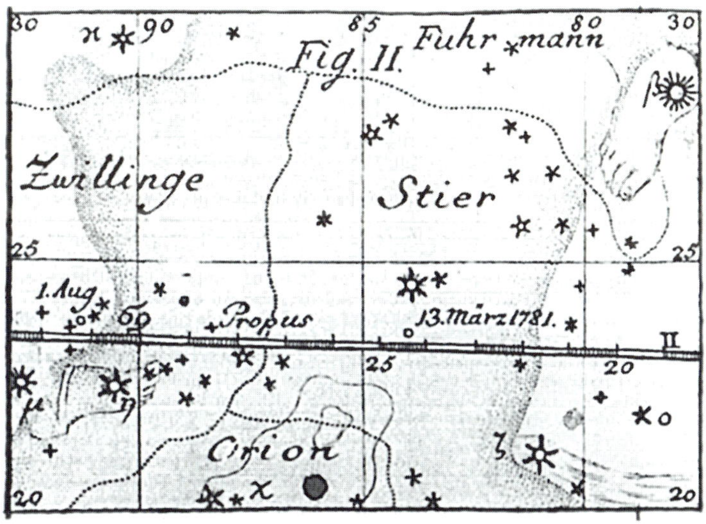

Sternkarte mit der Position des Planeten Uranus zum Zeitpunkt seiner Entdeckung am 13. März 1781

Der Planet Uranus in einer Aufnahme des Hubble-Space-Teleskops

laufzeit und Entfernung des Planeten von der Sonne keine weiteren Einzelheiten kannte. Spektroskopische Untersuchungen zeigten das Vorkommen von Methan in der Atmosphäre des Planeten. Eine Überraschung war die Entdeckung eines Ringsystems beim Uranus von der Erde aus: Im März 1977 bedeckte nämlich der Planet einen schwachen Fixstern, dessen Licht mehrfach abgedunkelt wurde, ehe der Planet ihn überhaupt erreichte. Details des Ringsystems sowie eine Reihe wichtiger Eigenschaften des Planeten wurden erst durch den Vorbeiflug der

Planetensonde Voyager 2 im Jahre 1986 am Uranus bekannt.

Besondere Merkmale

Uranus bewegt sich jenseits des Planeten Saturn um die Sonne. Sein mittlerer Abstand vom Zentralgestirn beträgt 19,3 Astronomische Einheiten (2,9 Milliarden km). Von der Erde aus erscheint Uranus maximal unter einem Scheibendurchmesser von 4 Bogensekunden. Für einen Umlauf um die Sonne benötigt der Planet 84 Jahre. Mit einem Durchmesser von rund 51 000 km, dem etwa vierfachen des Erddurchmessers, zählt auch Uranus zu den Riesenplaneten. Seine Masse beträgt das rund 15fache der Erdmasse. Für die mittlere Dichte folgt damit ein für die Riesenplaneten typischer niedriger Wert von 1,27 g/cm^3. Der Uranus-Tag dauert etwas mehr als 17 Stunden. Seine Rotation erfolgt rückläufig (siehe S. 71), denn die Rotationsachse des Planeten ist gegen die Bahnebene um 98° geneigt.

Das äußere Erscheinungsbild der Uranus-Atmosphäre wirkt im Vergleich zu Jupiter und Saturn eher eintönig. Zwar wurden einige Wolkenformationen entdeckt, die vornehmlich aus Methan bestehen, doch fehlen die den gesamten Planeten umspannenden Streifen.

Die Atmosphäre des Uranus besteht zu 97 % aus Wasserstoff und Helium sowie Methan und Spurengasen. Sie geht in einen dichten Mantel aus festem und gasförmigem Wasser über, dem sich ein vermutlich aus geschmolzenem Gestein und Wasser bestehender Kern anschließt. Eine nennenswerte innere Wärmequelle existiert nicht.

Zu den bereits von der Erde aus entdeckten Teilen des Ringsystems kamen durch die Voyager-Sonde noch weitere hinzu. Der innere Rand des planetennächsten Ringes schwebt knapp 12 000 km über dem Planetenäquator, der fernste endet bei rund 51 000 km. Die Dicke einzelner Ringe ist mit nur einigen hundert Metern extrem gering. Kleinere Partikel wie beim Saturnring fehlen hier völlig: Die Uranus-Ringe bestehen hauptsächlich aus zentimetergroßen Eisbrocken, die von einer dunklen kohlenstoffhaltigen Schicht überzogen sind.

Erdgebundene Beobachtungen führten zur Entdeckung von insgesamt fünf Monden des Uranus. Die Voyager-Sonde fand zehn weitere Satelliten, die allerdings wesentlich kleiner sind. Die großen Monde haben Durchmesser im Bereich von knapp 500 bis rund 1 600 km. Die „neuen" Monde hingegen liegen in ihren Dimensionen zwischen ungefähr 25 und 150 km Durchmesser. Das schon vom Saturn her bekannte Phänomen der „Hirtenmonde" begegnet uns auch beim Uranus. Zwei der kleineren Monde scheinen den Hauptring des Planeten geradezu zu „bewachen".

NEPTUN

Der Neptun ist so lichtschwach, daß er auch bei maximaler Annäherung an die Erde nicht mit dem bloßen Auge gesehen werden kann.

Der Planet Neptun wurde im Jahre 1846 entdeckt. Die Geschichte seiner ersten Auffindung zählt zu den großen Triumphen der Astronomie, denn der Planet Neptun wurde förmlich „am Schreibtisch" gefunden. Kurz nach der Entdeckung des Uranus zeigte es sich, daß man diesen Planeten schon früher gesehen, aber immer für einen Fixstern gehalten hatte. Aus den nunmehr recht zahlreichen älteren Beobachtungen konnte man rasch eine Bahn berechnen, die jedoch mit den Beobachtungsdaten nicht übereinstimmte.

Einige Fachleute meinten, die Ursache sei ein weiterer noch nicht bekannter Planet erheblicher Masse, der die Bewegung des Uranus entsprechend beeinflußt. Der junge französische Astronom U. J. J. Leverrier berechnete aufgrund dieser Annahme und der Größe der Abweichungen der Uranus-Bahn den Ort des neuen Planeten und teilte die Daten seinem Berliner Kollegen J. G. Galle mit, der den Planeten daraufhin tatsächlich im Fernrohr erspähte. Abgesehen von der glänzenden Rechenleistung des Franzosen war damit zugleich der Nachweis erbracht, daß auch tief im Raum und weit entfernt von der Sonne das Gesetz der allgemeinen Massenanziehung Gültigkeit hat.

Aufgrund der enormen Entfernung des Planeten von der Sonne hat Neptun – benannt nach dem römischen Meeresgott, der dem griechischen Poseidon entspricht – fast allen Versuchen der erdgebundenen Forschung trotzig widerstanden. Nur wenige Einzelheiten konnten in Erfahrung gebracht werden. Das Blatt wendete sich erst mit dem Vorüberflug der Sonde Voyager 2, die den Planeten 1989 in einem Abstand von nur rund 5 000 km passierte. Wenn wir allerdings die brillanten Fotos des Neptun betrachten, die uns die Sonde Voyager 2 gefunkt hat, sollten wir nicht vergessen, daß modernste Bildverarbeitungstechnik im Spiele war. Denn eigentlich herrscht auf Neptun ein ewiges Dämmerlicht, und die Sonne erscheint von diesem fernen Planeten aus nur noch wie ein gleißend heller Stern.

NEPTUN IN ZAHLEN

Äquatordurchmesser (km)	49 600
Masse (Erde = 1)	17,15
Mittlere Dichte (g/cm^3)	1,6
Mittlere Entfernung des Planeten von der Sonne (in AE)	30,06
Umlaufzeit um die Sonne (Jahre)	164,79
Eigenrotation (Tage)	0,7
Anzahl der bekannten Monde	8
Bahnneigung (gegen Ekliptik in Grad)	1° 46'

Langsamer Riese auf extremer Bahn

Neptun bewegt sich im Mittel 30mal soweit von der Sonne entfernt wie die Erde

Der Planet Neptun, aufgenommen von Voyager 2

(4,5 Milliarden km). Entsprechend lange Zeit benötigt er für einen vollen Umlauf: Das Neptunjahr dauert rund 165 Erdenjahre. Der große Umfang der Bahn ist natürlich nur **ein** Grund für diese lange Dauer eines Umlaufs; auch die Geschwindigkeiten der Planeten werden mit zunehmendem Abstand immer geringer; während die Erde auf ihrer Bahn um die Sonne knapp 30 km/s zurücklegt, „schleicht" Neptun nur noch mit rund 5 km/s dahin.

Auch Neptun zählt zu den Riesenplaneten. Sein Durchmesser beträgt knapp 50 000 Kilometer, und seine Masse beläuft sich auf das rund 17fache der Erdmasse. Dementsprechend ergibt sich auch für Neptun eine geringe mittlere Dichte. Sie beträgt 1,6 g/cm^3.

Daß die Neptunatmosphäre aus Wasserstoff, Helium und Methan besteht, war bereits aus spektroskopischen Beobachtungen bekannt, die von der Erde aus unternommen wurden. Das bläuliche Aussehen des Planeten rührt vor allem von dem Methananteil in der Atmosphäre her.

In der Atmosphäre des Planeten konnten einige helle und dunkle Wolken und bänderartige Gebiete festgestellt werden. Besonders auffällig ist der Große Dunkle Fleck – eine Art Pendant zum Großen

Roten Fleck auf Jupiter. Wenn man in Rechnung stellt, daß Neptun wesentlich kleiner ist als der Riesenplanet, erreicht die relative Größe des Dunklen Flecks sogar die des riesigen Wirbels auf Jupiter: Die Länge des Flecks beträgt nämlich 12 000 Kilometer. Von höhergelegenen hellen Wolken fallen Schatten auf tieferliegende Schichten, woraus sich eine Höhe dieser Wolken von etwa 50 bis 150 km über der sonstigen Atmosphärenobergrenze ableiten ließ.

Auch beim Neptun wurde ein Ringsystem entdeckt. Er ist allerdings der unscheinbarste aller Ringplaneten. Von der Erde aus sind die Ringe des Neptun praktisch nicht zu beobachten. Sie sind äußerst schmal und wirken teilweise wie unterbrochen. Im äußeren Ring sind einzelne helle Punkte zu erkennen – möglicherweise winzige Monde mit Durchmessern, die nur etwa 10 km betragen und die gelegentlich als „Moonlets" bezeichnet werden. Die Größe der Ringteilchen liegt im Bereich winzigster Staubpartikel bis zu ein Meter großen Brocken. Einer der Ringe reicht fast bis zur Obergrenze der Wolkenschicht des Planeten. Der äußere Ring hingegen befindet sich knapp 40 000 km über der Wolkenobergrenze. Die Entdeckung des Neptun-Ringsystems lieferte den letzten beobachtungsmäßigen Baustein für die Richtigkeit der von Planetologen schon früher ausgesprochenen These, daß alle Riesenplaneten durch Ringe gekennzeichnet sind.

Der innere Aufbau des Neptun unterscheidet sich zwar von dem der anderen Riesenplaneten, jedoch nicht grundsätzlich: Der ausgedehnten Atmosphäre aus Wasserstoff, Helium und Methan, an deren Obergrenze nur noch eine Temperatur von etwa – 200 °C herrscht, folgt weiter innen unmittelbar ein rund 10 000 km dicker Mantel aus Wasser, Methan und Ammoniak in flüssiger oder gefrorener Form. Daran schließt sich ein gesteinsartiger Kern, der etwa 15 000 km mächtig ist. Neptun verfügt über eine innere Wärmequelle, denn er strahlt etwa das Zweieinhalbfache der Energie ab, die er von der Sonne empfängt.

Neptun ist von acht größeren Monden umgeben, von denen sechs durch die Raumsonde Voyager 2 aufgespürt wurden. Der größte Mond des Planeten, Triton, ist bereits im Jahr der Entdeckung des Neptun selbst gefunden worden. Der Durchmesser des Triton beträgt 2 700 Kilometer. Er bewegt sich in knapp 6 Tagen rückläufig um den Planeten. Triton besitzt eine sehr dünne Atmosphäre aus Stickstoff. Der Druck am Boden des Mondes liegt aber nur bei 1/100 000 des irdischen Normaldrucks. Die Oberflächenstrukturen sind vielfältig und für die Forschung interessant. Der zweite von der Erde aus entdeckte Neptunmond, Nereide, umläuft den Planeten in einer extrem exzentrischen Bahn, d. h. in einer langgestreckten Ellipse. Sein Abstand schwankt zwischen 1,3 und 9,8 Millionen Kilometern.

PLUTO

Pluto kann mit dem bloßen Auge auch unter günstigsten Bedingungen nicht gesehen werden. Er ist zu klein und zu weit von der Sonne entfernt.

Pluto wurde erst im Jahre 1930 entdeckt. Nach dem außerordentlichen Erfolg der Auffindung des Neptun 1846 waren die Astronomen bald davon überzeugt, daß noch ein weiterer Planet in unserem Sonnensystem vorhanden ist. Die Masse des Planeten Neptun vermochte nämlich nicht alle Abweichungen der Bahn des Uranus zu erklären. Der amerikanische Astronom P. Lowell berechnete daraufhin – allerdings auf der Grundlage unbeweisbarer Annahmen – die Bahn des noch unbekannten Planeten, nach dem 1915 eine großangelegte Suche einsetzte. Ein Erfolg blieb aber zunächst aus. Nur der Hartnäckigkeit von Lowell und seinen Mitarbeitern war es zuzuschreiben, daß der 9. Planet des Sonnensystems im Jahre 1930 (s. Abb. nächste Seite) durch einen jungen Astronomen namens C. Tombaugh schließlich doch entdeckt wurde. Allerdings stand der Planet ein gehöriges Stück von dem vorausberechneten Ort entfernt – kein Wunder, wie sich allerdings erst 1978 zeigen sollte: Damals wurde nämlich ein Mond des Planeten Pluto entdeckt. Aus seiner Bewegung gelang es, die Masse des Pluto zu bestimmen. Sie erwies sich als so gering, daß man nun sicher war, damals (1930) gar nicht den berechneten Planeten entdeckt zu haben. Der wirkliche 9. Planet stand zufällig unweit des berechneten Ortes, während der berechnete Planet eine reine Fiktion war.

PLUTO IN ZAHLEN

Äquatordurchmesser (km)	2300
Masse (Erde = 1)	0,002
Mittlere Dichte (g/cm^3)	2,15
Mittlere Entfernung des Planeten von der Sonne (in AE)	39,4
Umlaufzeit um die Sonne (Jahre)	247,7
Eigenrotation (Tage)	6,4
Anzahl der bekannten Monde	1
Bahnneigung (gegen Ekliptik in Grad)	17°

Pluto, der Exot

Pluto bewegt sich in einer durchschnittlichen Entfernung vom 40fachen der Erdentfernung um die Sonne (5,9 Milliarden km). Seine Bahn ist jedoch stark exzentrisch. Dadurch kommt er der Sonne einerseits bis auf 4,4 Milliarden Kilometer nahe, während er sich andererseits vom Zentralgestirn bis auf 7,4 Milliarden Kilometer entfernen kann. Ein Teil der Bahn des Planeten liegt innerhalb der Bahn des Neptun – ein im gesamten Sonnensystem einmaliger Fall. Dadurch kann es nämlich geschehen, daß der entfernteste Planet des Sonnensystems näher an der Sonne steht als der „Zweitplazierte“ Neptun.

Doch Pluto fällt auch noch in anderer Hinsicht aus dem Rahmen: Seine Masse beträgt nur den zweitausendsten Teil der Erdmasse, d. h. etwa 1/7 der Masse des Erdmondes. Die Lage seiner Bahn ist

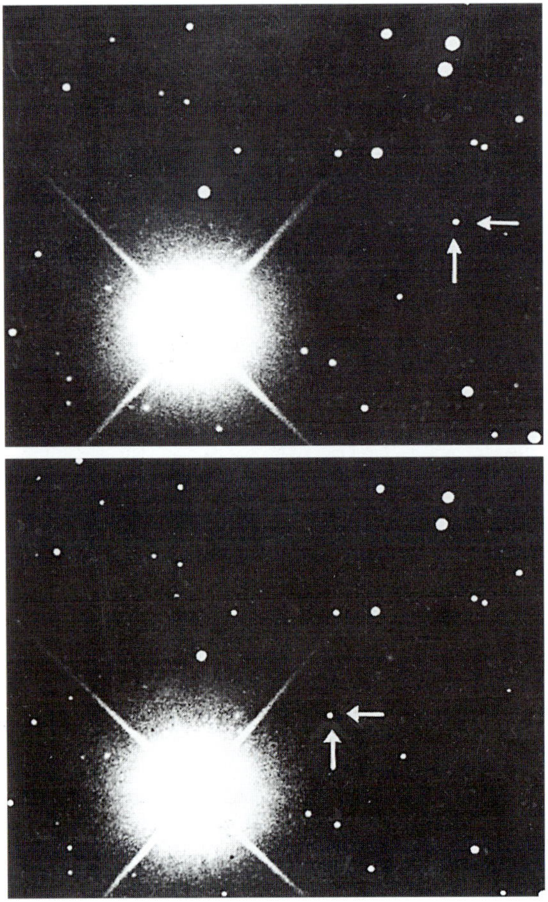

Entdeckungsfotografie des Planeten Pluto: oben 2. März 1930, unten 5. März 1930. Deutlich ist die Veränderung der Position des durch Pfeile markierten Planeten zu erkennen.

ebenfalls ungewöhnlich. Während die anderen Planeten nur geringe Bahnneigungen gegen die Hauptebene des Sonnensystems aufweisen, beträgt der Winkel zwischen der Ebene der Plutobahn und der Ekliptik 17° (siehe S. 29). Der Durchmesser des sonnenfernen Planeten liegt bei 2 300 km. Und daraus ergibt sich eine mittlere Dichte von 2,15 g/cm^3. Der winzige Planet an der äußeren Grenze des Sonnensystems dürfte zu 80 % aus Gestein bestehen.

Plutomond Charon ist etwa halb so groß wie Pluto und bewegt sich in 6 Tagen 9 Stunden einmal um den Planeten. Die zahlreichen Besonderheiten des Pluto gegenüber den Riesenplaneten jenseits der Marsbahnen haben die Spekulationen über seine Herkunft bis heute nicht abreißen lassen. Ist Pluto überhaupt ein Planet? Oder zählt er vielleicht eher zur Gruppe der Kleinen Planeten, von denen es im Sonnensystem Hunderttausende gibt?

Pluto ist als einziger aller Planeten bisher noch nicht von einer Raumsonde ins Visier genommen worden. Entsprechend gering sind unsere Kenntnisse über ihn. Aller Wahrscheinlichkeit nach ist der kleine Himmelskörper von einer Eisschicht aus Methan und Ammoniak bedeckt. Auch Wassereis dürfte vorkommen. Möglicherweise ist auch eine dünne Atmosphäre vorhanden. Der Plutomond stellt mit seinem Durchmesser von etwa der Hälfte des Plutodurchmessers den re-

DIE MONDE DER PLANETEN

Planet	Anzahl der bekannten Monde
Erde	1
Mars	2
Jupiter	16
Saturn	23
Uranus	15
Neptun	8
Pluto	1

lativ zu „seinem" Planeten größten Mond des Sonnensystems dar.
Seit längerer Zeit wird übrigens über die Existenz weiterer Planeten im Sonnensystem spekuliert. Verschiedene Meldungen über die angebliche Entdeckung eines zehnten Planeten sind schon mehrfach durch die Presse gegangen. Bisher konnte aber keine dieser Entdeckungen bestätigt werden. Für unsere Vorstellungen vom Sonnensystem ist die Tatsache der möglichen Existenz eines weiteren, extrem sonnenfern umlaufenden, lichtschwachen, vielleicht auch sehr kleinen Himmelskörpers jedoch von ganz untergeordnetem Interesse.

KOMETEN

Die meisten der in jedem Jahr entdeckten Kometen sind für das bloße Auge unsichtbar. Gelegentlich tauchen aber auch Schweifsterne auf, die ein wirkliches Himmelsschauspiel darstellen und über längere Zeit am Firmament beobachtet werden können.

Kometen galten von alters her als spektakuläre Himmelserscheinungen. Schon ihr äußerer Anblick erregte Aufsehen, unterscheiden sie sich doch von allen sonstigen Gestirnen des Firmaments.
In der Antike sah man Kometen allerdings noch nicht als Himmelskörper an. In dem berühmtesten Werk der griechischen Astronomie, dem „Almagest" des Ptolemäus, kommen Kometen überhaupt nicht vor. Man hielt sie für Erscheinungen der Lufthülle, vergleichbar mit Donner und Blitz, Wolken, Regen oder Schnee. In einer Zeit, da man den Erscheinungen des Firmaments eine besondere Bedeutung für das Geschehen auf der Erde, für die Schicksale von Völkern oder einzelnen Menschen zuschrieb, wurden Kometen allgemein als Unglücksbringer betrachtet. Die drohend anmutenden Kometenschweife erweckten Angst und Schrecken und nicht selten wurden die sogenannten Haarsterne auch als „Zuchtruten Gottes" bezeichnet, die der Welt „unter dem Monde" zuzuordnen waren. Diese Auffassung änderte sich erst mit den Beobachtungen, die der dänische Astronom Tycho Brahe an dem spektakulären Kometen von 1577 vornahm. Er verglich seine eigenen Daten mit denen anderer Beobachter und

MEHRMALIG SICHTBARE PERIODISCHE KOMETEN

Name des Kometen	Siderische Umlaufzeit in Jahren
Encke	3,3
Tempel 1	5,5
Whipple	7,5
Olbers	69,5
Halley	76,1

Der Komet Hyakutake (1996)

konnte nachweisen, daß sich der Komet weit jenseits der Bahn des Mondes bewegen mußte und somit Kometen der Himmelssphäre angehörten.
E. Halley gelang es schließlich, das Erscheinen des später nach ihm benannten Kometen vorherzusagen und damit zu demonstrieren, daß Kometen, wie Planeten auch, den himmelsmechanischen Gesetzen unterliegen. Die Analyse der Bahndaten von hunderten von Kometen führte recht bald zu einer interessanten Erkenntnis: Kometen sind Mitglieder unseres Sonnensystems. Wenn sie sich auch oft recht weit in den Raum jenseits der fernsten Planeten bewegen, kehren sie doch auf geschlossenen Bahnen immer wieder in die Nähe der Sonne (und damit auch der Erde) zurück.
Mit dem Aufkommen astrophysikalischer Untersuchungsmethoden im 19. Jahrhundert wurden erstmals auch Einzelheiten über die Natur der Kometen bekannt. Zunehmend wurde klar, daß Kometen eigentlich nur sehr kleine Körper sind, die aber in Sonnennähe teilweise dramatische Veränderungen durchmachen, wobei es auch zur Ausbildung von Schweifen kommen kann, den eigentlichen Wahrzeichen der mit bloßem Auge sichtbaren Exemplare dieser Gattung von Himmelskörpern. Moderne Hypothesen über die Natur der Kometen wurden inzwischen durch Raumsonden teils bestätigt, teils aber auch modifiziert.

Wiederkehrende Leuchtfeuer

Kometen zählen zu den Kleinkörpern des Sonnensystems. Sie bewegen sich auf zumeist langgestreckten elliptischen Bahnen mit Exzentrizitäten, wie sie bei den Planeten nicht vorkommen. Somit sind Kometen in periodischen Abständen immer wiederkehrende Himmelskörper. Allerdings sind ihre Umlaufzeiten sehr unterschiedlich. Die sogenannten langperiodischen Kometen benötigen mehr als 200 Jahre für einen Umlauf um die Sonne und bewegen sich z. T. bis weit in den kosmischen Raum hinaus. Für etliche Vertreter dieser Gruppe wurden Um-

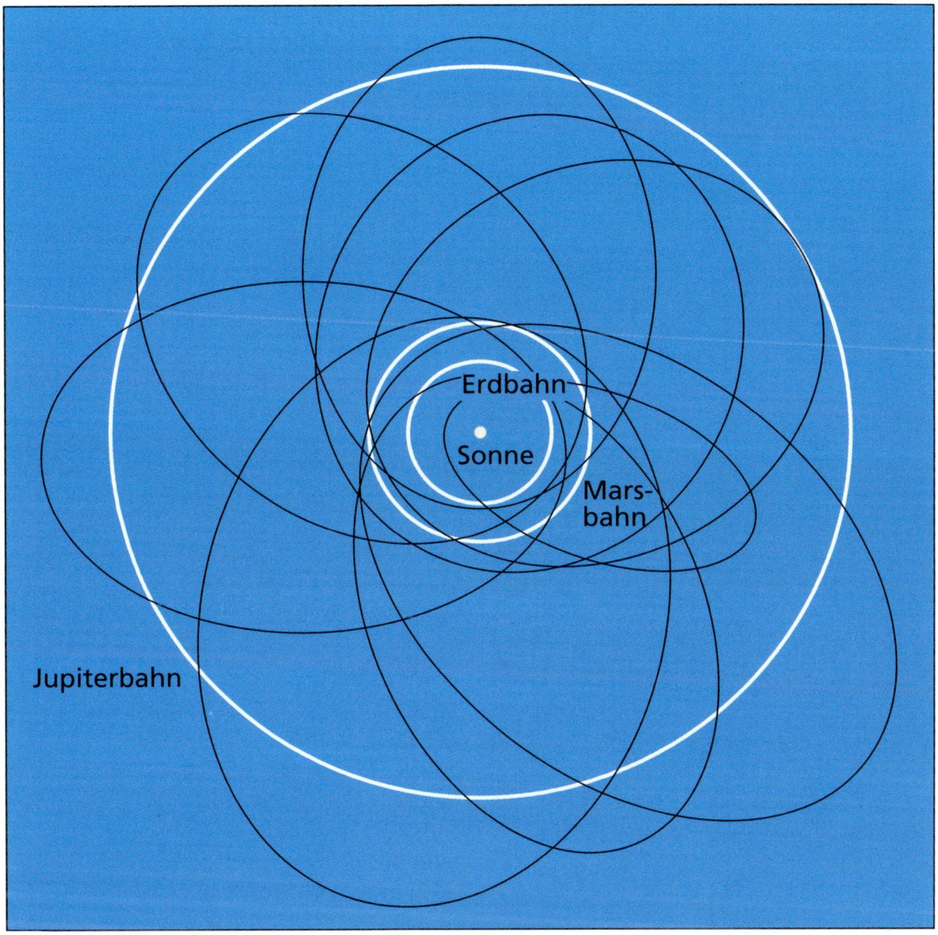

Die Kometenbahnen der „Jupiterfamilie". Der Riese Jupiter zwingt die Kleinkörper zur Umkehr.

laufzeiten bis zu 100 Millionen Jahren berechnet. Demgegenüber kommen kurzperiodische Kometen häufiger in Sonnen- und Erdnähe. Einige der kurzperiodischen Kometen sind durch die Massen der großen Planeten beeinflußt worden, sie wurden förmlich von deren Anziehungskraft „eingefangen". So kennen wir zahlreiche Kometen, die den sonnenfernsten Punkt ihrer Bahn in der Nähe der Jupiterbahn erreichen. Sie zählen zur sogenannten Jupiterfamilie.

Während sich die großen Planeten nahezu ausnahmslos in der Hauptebene

Der bekannte Komet Hale-Bopp (1997)

des Sonnensystems bewegen, kommen bei den Kometenbahnen alle möglichen Bahnneigungen vor.

Bei den Kometen handelt es sich um vergleichsweise kleine und massearme Himmelskörper. Ihre Durchmesser liegen im Bereich von 5–50 Kilometern, ihre Massen bewegen sich im Bereich von 10^{11} bis höchstens 10^{17} Kilogramm (Erdmasse: rund $6 \cdot 10^{24}$ kg). Der Kern eines Kometen besteht aus Gestein und Staub, durchsetzt mit gefrorenem Wasser, Ammoniak und Methan. Die bildhafte Methapher vom „schmutzigen Schneeball" trifft vielleicht annähernd die Realität.

Würden wir von den Kometen nichts als ihren Kern wahrnehmen, gäbe es keine spektakulären Haarsterne, und mit dem bloßen Auge wären sie überhaupt nicht sichtbar. Doch aufgrund ihres Aufbaus gehen in den Kernen der Kometen bei Annäherung an die Sonne dramatische Veränderungen vor sich. Die Strahlung der Sonne führt bereits bei einer Distanz von etwa 5 bis 10 Astronomischen Einheiten zur Verdampfung der Gase. Dabei werden auch Staubteilchen besonders aus Gebieten herausgerissen, in denen die Kruste des Kerns zerstört ist und Risse aufweist. Dadurch bildet sich um den kleinen Kern eine verhältnismäßig ausgedehnte Hülle, die sogenannte Koma. Je nach dem Abstand des Kerns von der Sonne kann die Koma bis auf einen Durchmesser von 100 000 km anwachsen, also einem Vielfachen des Erd-

durchmessers. Dieses Gemisch aus Gas und Staub läßt den Kometen zunächst als verwaschenes Fleckchen im reflektierten Sonnenlicht erscheinen.
Doch im Spektrum der Kometenkoma sind auch Linien nachzuweisen, die auf ein Eigenleuchten der gasförmigen Bestandteile hinweisen. Bei weiterer Annäherung des Kometen an die Sonne macht sich schließlich der Strahlungsdruck ebenso bemerkbar wie der „Sonnenwind", ein vom Zentralgestirn ausgehender Teilchenstrom. Er „bläst" Gas und Staub der Koma in die Gegenrichtung der Sonne. Trotz der extrem geringen Dichte des auf diese Weise entstehenden Schweifes kann er infolge Reflexion des Sonnenlichts sowie durch das Eigenleuchten der gasförmigen Bestandteile sichtbar werden. Diese werden nämlich durch die energiereichen Bestandteile der Sonnenstrahlung zum Leuchten angeregt. Nähert sich ein Komet bis auf die dazu erforderliche Nähe der Sonne an, kann es zu so spektakulären Erscheinungsbildern kommen, wie wir sie zuletzt beim Kometen Hale-Bopp im Jahr 1997 beobachten konnten.
Kometenschweife erreichen mitunter enorme Dimensionen. Bei einigen Kome-

DER KOMET HALLEY

Edmond Halley zählte im 17. und 18. Jahrhundert zu den bekanntesten Astronomen Englands. Durch seine Freundschaft mit dem berühmten Gelehrten Isaac Newton wußte er, daß dieser ein Gesetz entdeckt hatte, das die Bewegung aller Himmelskörper bestimmen sollte. Obwohl das klassische Werk Newtons noch nicht veröffentlicht war, durfte sich Halley wichtige Partien daraus abschreiben. Damit versuchte er nun, Kometen als Himmelskörper zu behandeln und deren Bahnen zu berechnen. Für drei Kometen ergab sich überraschenderweise fast dieselbe Bahn: Der große Komet von 1682 hatte den gleichen „kosmischen Fahrplan", wie die Schweifsterne von 1531 und 1607. Halley vermutete, daß es sich jedesmals um denselben Kometen gehandelt hatte und sagte dessen Wiedererscheinen für das Jahr 1758 voraus. Doch Halley starb bereits 1742. Ein deutscher Bauer namens Palitzsch, der sich in seinen Mußestunden mit den Sternen befaßte, entdeckte den vorausgesagten Kometen Ende 1758 zuerst. Dieser Komet trägt heute den Namen Halleys.
Er zählt, wie Chroniken beweisen, zu den ältesten Bekannten unter den Kometen überhaupt. Nachweislich wurde er durchschnittlich alle 76 Jahre beobachtet, zum ersten Mal bereits im Jahre 240 v. Chr. Bei früheren Erdannäherungen bot der Komet Halley oft ein prachtvolles Erscheinungsbild. Von dem berühmten Maler Giotto di Bondone, der den Kometen im Jahre 1301 als prächtiges Gestirn erblickte, wurde er in der „Anbetung der Könige" zum „Stern von Bethlehem" stilisiert. Die nach Giotto benannte europäische Raumsonde fotografierte den Kern des Kometen 1986 aus knapp 600 km Abstand. Der Kern erwies sich als unregelmäßig geformtes Gebilde der Maße 15 x 8 x 8 km. Kleine Krater und Berge wurden festgestellt, auch Gas- und Staubausbrüche an einigen Stellen der Kruste. Die Dichte liegt bei etwa 0,3 g/cm^3. Die nächste Erdannäherung wird für 2062 erwartet.

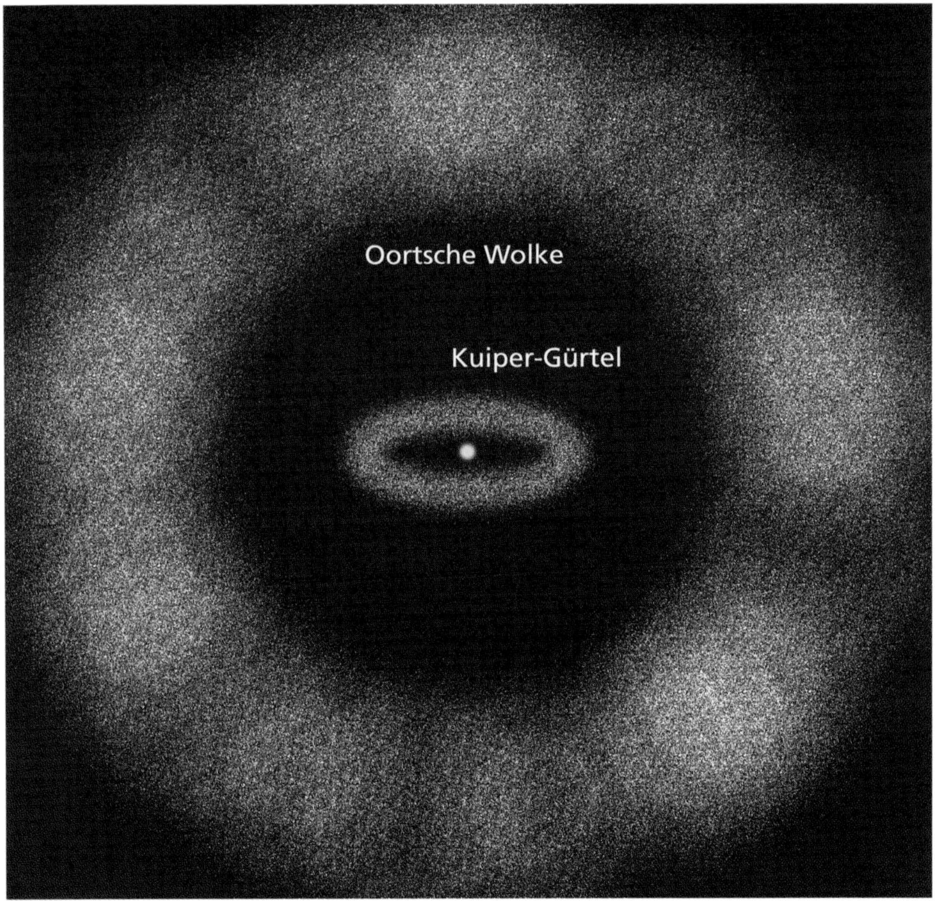

Die Oortsche Wolke und der Kuiper-Ring

ten wurden Schweiflängen bis zu 300 Millionen Kilometern festgestellt! Wenn ein Laboratoriumsphysiker erfährt, daß in einem Kometenschweif nur zehn Moleküle je Kubikzentimeter enthalten sind, würde er die dort herrschende Materiedichte ohne Zögern als Vakuum bezeichnen. Selbst mit den technischen Hilfsmitteln der modernen Vakuumtechnik ist es nämlich ausgeschlossen, derart geringe Dichten zu erzeugen. Außerhalb des Kometenschweifs ist die Materiedichte allerdings noch wesentlich geringer!

In unserem Sonnensystem gibt es vermutlich Kometen wie Sand am Meer. Im allgemeinen bleiben diese aber unseren Blicken verborgen. Sie befinden sich nämlich in einer riesigen Wolke, die unser Sonnensystem in extrem großer Entfernung umgibt. Diese nach dem niederländischen Astrophysiker J. H. Oort benannte Ansammlung von vielleicht 100 Milliarden Kometenkernen reicht wahrscheinlich bis zu 150 000 Astronomische Einheiten in den Raum hinaus, also fast bis zum 4 000fachen der Plutodistanz. Die Hypothese eines solchen gewaltigen Reservoirs an Kometenkernen in den äußersten Regionen des Sonnensystems wird heute allgemein akzeptiert. Neuerdings wird sogar noch eine zweite Zone angenommen, in der sich zahlreiche Kometenkerne befinden, der sogenannte Kuiperring. Er liegt unweit der Plutobahn und damit wesentlich näher an der Sonne als die Oortsche Wolke. In beiden Fällen handelt es sich vermutlich um die Reste der Urwolke, aus der unser Planetensystem einst vor rund 5 Milliarden Jahren hervorging. Gelangt nun gelegentlich ein Fixstern in die Nähe zur Sonne, so bewirkt er, daß einzelne Kometenkerne aus der Wolke entfernt werden und eine Bahn annehmen, die sie ins Innere Sonnensystem führt. Oft bewegen sich diese Kometen nach ihrer Sonnen- (und Erd-)Annäherung wieder in die äußersten Bereiche des Sonnensystems zurück und kehren nie wieder. Andere werden durch die Anziehungskraft großer Planeten eingefangen und dadurch zu periodischen Kometen. Kometen werden nach ihren Entdeckern benannt. Eine Ausnahme bildet allerdings einer der berühmtesten Kometen der Geschichte überhaupt, der Halleysche Komet.

STERNSCHNUPPEN

Sternschnuppen zählen zu den schönsten Himmelserscheinungen. Wenn man geduldig das Firmament beobachtet, kann man fast immer eine Sternschnuppe erspähen. Zu bestimmten Jahreszeiten treten sie jedoch gehäuft auf.

Sternschnuppen erregten schon immer die Aufmerksamkeit der Menschen. Erklären konnte man sich die leuchtenden Himmelsspuren jedoch lange Zeit nicht. Sie wurden – wie auch die Kometen – für atmosphärische Erscheinungen gehalten. Gegen Ende des 18. Jahrhunderts beobachteten zwei Studenten namens Brandes und Benzenberg Sternschnuppen von zwei räumlich getrennten Standpunkten aus. Dadurch konnten sie feststellen, in welchen Höhen der Atmosphäre die Erscheinungen auftraten. Das Erstaunen der Fachwelt war groß, denn die Leuchterscheinungen ereigneten sich in den sehr dünnen Luftschichten an der äußeren Grenze der Atmosphäre. Das deutete darauf hin, daß kosmische Körper dieses Leuchten verursachten. Eine äußerst interessante Beobachtung machten die Forscher bei der Untersuchung des kurzperiodischen Kometen Biela, der

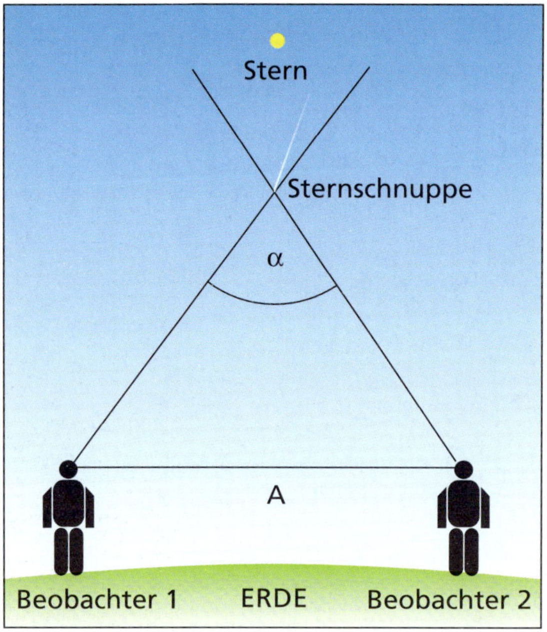

So bestimmten Brandes und Benzenberg die Höhe des Aufleuchtens der Meteore.

seine Bahn in knapp 7 Jahren durchläuft. Als er 1846 am Himmel erwartet wurde, bestand er zur Überraschung der Astronomen aus zwei Teilen, die sich abermals 7 Jahre später erheblich voneinander entfernt hatten. Bei der nachfolgenden Erdannäherung war der Komet gänzlich verschwunden. Statt dessen traten verstärkte Sternschnuppenfälle auf. Offensichtlich war der Komet die Quelle dieses kosmischen Feuerwerks. Eine Analyse der Bahnformen von Kometen und Sternschnuppen zeigte, daß tatsächlich Zusammenhänge bestehen – nicht für alle Sternschnuppen, aber für die meisten der periodisch wiederkehrenden.

Eine andere Merkwürdigkeit konnte ebenfalls aufgeklärt werden: Die zu bestimmten Daten des Jahres gehäuft auftretenden Sternschnuppen scheinen stets von einem bestimmten Punkt herzukommen, dem sogenannten Radianten. Liegt dieser Radiant z. B. im Sternbild Löwe (Leo), so gibt er dem Strom auch seinen Namen: sie heißen dann Leoniden. Die Ursache der Existenz solcher Ausstrahlungspunkte ist ein perspektivischer Effekt. In Wirklichkeit bewegen sich die Teilchen, die in der Hochatmosphäre der Erde verglühen, auf parallelen Bahnen. Aus der großen Distanz des Beobachters enden diese jedoch scheinbar alle in einem Punkt, so wie die Gleise einer Eisenbahnstrecke in großer Entfernung zusammenzulaufen scheinen.
Obschon man heute grundsätzliche Klarheit über die Ursachen der Sternschnuppen besitzt, harren noch zahlreiche Fragen ihrer Beantwortung. Deshalb wird u. a. auch die Mitarbeit von Amateuren an den Beobachtungen der Sternschnuppen weltweit gefördert und von der Fachwelt für wertvoll gehalten.

Die Nachtschwärmer

Sternschnuppen werden auch als Meteore bezeichnet. Hierbei handelt es sich um Leuchterscheinungen, die durch den Zusammenstoß kleiner Teilchen, der sogenannten Meteoride mit der Erdatmosphäre entstehen. Erreichen Meteore eine besonders starke Helligkeit, so nennt man sie Feuerkugeln. Der Leuchtvorgang spielt sich durchschnittlich in etwa 90 bis 130 km Höhe über der Erdoberfläche ab. Die Größen der auslösenden Teilchen sind winzig: Die meisten Meteoride haben nur Durchmesser zwischen einem und 10 mm. Größere Teilchen mit Massen im Bereich einiger Gramm bewirken bereits sehr helle Meteore. Es kommen aber auch Teilchen unterhalb von 1 mm Größe vor, die dann mit dem bloßen Auge nicht mehr sichtbare Meteore auslösen, die sogenannten teleskopischen Meteore.

Angesichts der Winzigkeit der Meteoride ist es klar, daß man diese selbst nicht sehen kann. Da sie jedoch mit Geschwindigkeiten von einigen Dutzend Kilometern je Sekunde in die Atmosphäre eindringen, verlieren sie ihre Energie und heizen dabei die durchflogene Luftschicht auf. Die Moleküle und Atome in der Atmosphäre verlieren teilweise ihre Elektronen und werden dadurch zum Leuchten angeregt. Wir erblicken also gleichsam den leuchtenden Weg, den das winzige Teilchen jeweils durchmessen hat. Die Erscheinungen können bei Meteoren äußerst vielgestaltig sein. Sie reichen von einfachen leuchtenden geradlinigen Bahnspuren bis zu wechselnden Flugrichtungen oder spektakulärem Auseinanderfallen. Sorgfältige Dauerbeobachtungen lassen erkennen, daß Sternschnuppen nicht zu allen Zeiten gleich häufig auftreten. Einerseits beobachtet man gegen Sonnenaufgang stets deutlich mehr Meteore als nach dem abendlichen Sonnenuntergang. Das hängt damit zusammen, daß wir uns morgens auf jener Seite der Erde befinden, die in Richtung der Erdbewegung um die Sonne nach vorn weist. Abends sind wir folglich auf der Rückseite. Wenn wir den Meteoriden aber entgegenfliegen, kommt es zwangsläufig zu häufigeren Zusammenstößen, als wenn wir uns am „Heck“ unseres Raumschiffes Erde befinden.

Der große Sternschnuppenfall im Jahre 1866 (Leoniden)

Die deutlichste Abweichung von einer gleichförmigen Häufigkeit der Sternschnuppen macht sich aber auf andere Weise bemerkbar: Zählt man jede Nacht des Jahres die Anzahl der Meteore, so zeigt sich, daß es Zeiten gibt, in denen deren Zahl immer mehr zunimmt, schließlich kurzzeitig einen besonders hohen Wert erreicht, um dann wieder ab-

Leuchtspur eines Meteors auf einer Sternfeldaufnahme

zunehmen. Solche zeitlich begrenzten Häufungen wiederholen sich teilweise von Jahr zu Jahr, mitunter auch in größeren, aber immer gleichen Abständen. In diesem Fall handelt es sich um sogenannte Meteorströme. Ihr Zustandekommen erklärt sich folgendermaßen: Längs mehr oder weniger großer schlauchartiger Räume bewegen sich innerhalb des Sonnensystems Milliarden Meteoride – als Auflösungsprodukte von Kometen. Durchläuft nun die Erde einen solchen „Teilchenschlauch“, so kommt es zu entsprechend häufigen Zusammenstößen.
Aus der Beobachtung der Dauer eines solchen Meteorstroms und der Verteilung der Anzahl der Teilchen kann man interessante Details über diese „Teilchenschläuche“ ableiten. So beginnt z. B. der berühmte Meteorstrom der Perseiden (scheinbarer Herkunftsort der Leuchterscheinungen ist das Sternbild Perseus) seine Tätigkeit jedes Jahr um den 20. Juli, während er letztmalig um den 19. August festzustellen ist. Die Zahl der Meteore nimmt immer mehr zu, bis sie um den 11. August ihr Maximum erreicht, um dann rasch wieder abzufallen. Was kann man daraus schließen? In der Zeit vom 20.7. bis zum 19.8. durchmißt die Erde auf ihrer Bahn um die Sonne einen Weg von rund 75 Millionen km. Das heißt: Der Schlauch, in dem sich die Meteoride des Perseidenstromes befinden, hat einen Durchmesser von 75 Millionen Kilometern. Da der Strom – wie man durch Vergleich der Bahnen festgestellt hat – auf einen Kometen zurückzuführen ist, erwartet man bei einem „frischen“ Strom natürlich ein kleineres Raumgebiet, über das die Teilchen verteilt sind. Folglich kann man annehmen, daß der Perseidenstrom schon ein beträchtliches Alter aufweist. Man schätzt in diesem Fall etwa

80 000 Jahre. Auch der auslösende Komet ist noch vorhanden und wurde erst jüngst bei seiner letzten Erdannäherung beobachtet. Dabei konnte man feststellen, daß der Kometenkern auch heute noch neue Teilchen in den Perseidenstrom einspeist. Bei deutlich jüngeren Strömen haben sich die Teilchen noch nicht längs der gesamten Bahn des auslösenden Kometen verteilt, sondern halten sich in der Nähe des Kometenkerns auf. Dann beobachtet man deutliche Häufungen immer dann, wenn der Komet selbst in Erdnähe kommt. Dies ist z. B. bei den November-Leoniden der Fall, die rund alle 33 Jahre besonders ertragreich ausfallen, weil nämlich „ihr" Komet (Tempel) gerade diese Umlaufzeit besitzt. Einige tausend Jahre später dürfte sich dieses Bild allerdings deutlich gewandelt haben.
Übrigens kann man nicht alle Meteorströme einem Kometen zuordnen. Immer wieder wird auch darüber diskutiert, ob nicht ein Teil der Meteoride aus dem interstellaren Raum stammen könnte. Es ist aber auch denkbar, daß es zufällige Übereinstimmungen zwischen den scheinbaren Herkunftsgebieten am Firmament gibt, so daß man eigentlich gar nicht von einem wirklichen Meteorstrom sprechen kann und dieser nur vorgetäuscht wird.
Dessen ungeachtet bleiben Sternschnuppen für den Freund des gestirnten Himmels stets ein beliebtes Schauspiel. Der alte Aberglaube, daß ein Wunsch in Erfüllung gehen soll, den man während des Auftauchens einer Sternschnuppe hegt, hat allerdings mit der Wirklichkeit gewiß nichts zu tun; es ist aber ein netter Brauch.

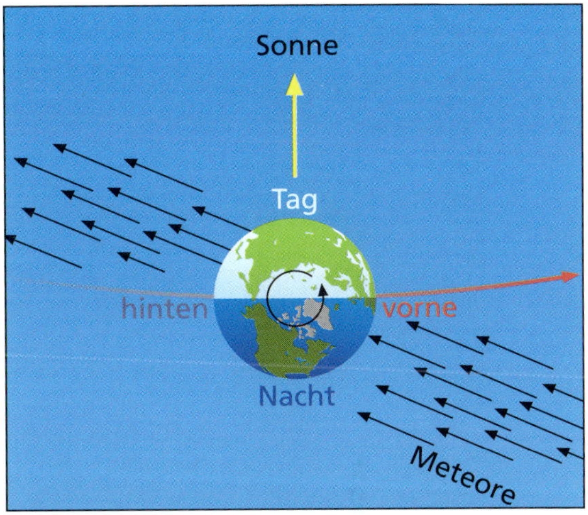

Auf der „Vorderseite" der Erde (bezogen auf ihre Bahnbewegung um die Sonne) kommt es zu häufigeren Zusammenstößen mit Meteoriden als auf der „Rückseite". Deshalb sind nach Mitternacht mehr Sternschnuppen zu sehen als vor Mitternacht.

WICHTIGE METEORSTRÖME

Name	**Dauer der Sichtbarkeit**	**Erzeugender Komet**
Nächtliche Ströme		
Quadrantiden	1.–4. Jan.	–
Lyriden	20.–22. April	1861 I
η-Aquariden	29. April-21. Mai	Halley
Juni-Draconiden	28. Juni	Pons-Winnecke
δ-Aquariden	24. Juli-6. Aug.	–
Perseiden	27. Juli-17. Aug.	1862 III
Oktober-Draconiden	9. Okt.	Giacobini-Zinner
Orioniden	15.–25. Okt.	Halley
Tauriden	26. Okt.–25. Nov.	Encke
Leoniden	11.–20. Nov.	Tempel (1866 I)
Andromediden	18.–26. Nov.	Biela
Geminiden	6.–16. Dez.	Planetoid Phaethon?
Ursiden	21.–23. Dez.	1939 X

METEORITE

Meteorite kann man nicht am Himmel sehen, dafür aber in manchen Museen auf der Erde und – wenn man Glück hat – auf freiem Feld oder im Wald.

Seltsame Metall- und Gesteinsbrocken sind seit eh und je bekannt. Da jedoch auch die Erscheinungsformen der irdischen Gesteine äußerst vielfältig sind, wurde der schon früh behauptete kosmische Ursprung solcher Körper lange Zeit für recht abstrus gehalten. Eher glaubte man an Auswürfe irdischer Vulkane. Erstmals untermauerte der Wittenberger Physiker E. Chladni 1794 in einer wissenschaftlichen Schrift die These vom kosmischen Ursprung der sogenannten Meteorite. Doch auch Chladni wurde von seinen Fachkollegen nicht ernst genommen. 1803 kam es jedoch in Frankreich zu einem denkwürdigen Steinregen, der zudem mit dem Erscheinen einer hellen Feuerkugel im Zusammenhang stand. Schon aus dem Jahre 1492 war ein Fall bekannt, bei dem sowohl eine helle Leuchterscheinung beobachtet als auch hernach ein Objekt gefunden wurde. Es befindet sich noch heute in Ensisheim (Elsaß).

Allmählich setzte sich die Überzeugung durch, daß es genügend massereichen Kleinkörpern aus dem Planetensystem durchaus gelingen kann, die Erdatmosphäre zu durchfliegen und auf der Erdoberfläche aufzuschlagen. So wird – in der Terminologie der Fachleute – aus einem Meteorid ein Meteorit!

Meteorit aus dem Arizona-Krater in den USA (Sammlung der Archenhold-Sternwarte Berlin-Treptow)

WIE GEFÄHRLICH SIND KOSMISCHE BOMBEN?

„Die Menschheit muß darauf gefaßt sein, mit einem Schlag auszusterben!“ So oder ähnlich lauten des öfteren die Schlagzeilen in unseren Tageszeitungen. Gemeint ist die Möglichkeit, daß ein Riesenmeteorit mit der Erde kollidiert und dabei eine Katastrophe unvorstellbaren Ausmaßes bewirkt. Von den direkten Zerstörungen durch die Kollision abgesehen, könnten gewaltige Staubmassen aufgewirbelt werden und einen jahrelangen „globalen Winter“ nach sich ziehen, der alles Leben auslöscht. Auf diese Weise sollen vor 65 Millionen Jahren die Dinosaurier und viele andere Tiere und Pflanzen auf unserem Planeten ausgestorben sein. Große „Brocken“ dieser Art sind allerdings selten und sollen durchschnittlich nur alle 100 Millionen Jahre zu erwarten sein. Doch niemand weiß, wann das nächste Ereignis dieser Art eintreten könnte. Deshalb wurde das Projekt „Spacewatch“ entwickelt, das die Aufgabe verfolgt, alle erdbahnkreuzenden Kleinkörper des Sonnensystems durch ein weltweites Beobachtungsprogramm aufzuspüren. Bis zum Jahre 2008 will man alle in Frage kommenden Objekte erfaßt haben. Gelingt es, ein für die Erde tatsächlich gefährliches Objekt einige Jahrzehnte vor der Kollision auszumachen, bliebe genügend Zeit, durch neue Entwicklungen auf dem Gebiet der Raumfahrt erfolgreich nach Mitteln zu suchen, die „kosmische“ Bombe von ihrem Kurs abzubringen, meinen die Wissenschaftler.

Kosmische Boten

Unter einem Meteoriten verstehen wir einen Körper aus dem Weltall, der auf die Erdoberfläche gelangt ist. Wir unterscheiden zwei Grundtypen von Meteoriten, die Stein- und die Eisenmeteorite. Erstere bestehen hauptsächlich aus Silikatkügelchen, letztere im wesentlichen aus Eisen. Obwohl die Zahl der Eisenmeteorite wesentlich geringer ist (ca. 5 % aller Meteorite), werden sie doch wesentlich häufiger gefunden, weil Gesteinsmeteorite rascher verwittern.

Natürlich handelt es sich bei den Bestandteilen der Meteorite um ganz „normale“ Elemente und Verbindungen, wie wir sie auch auf der Erde kennen. Allerdings haben die Meteorite z. T. äußerst ungewöhnliche „Erlebnisse“ gehabt. Dadurch treten bei ihnen unter bestimmten Bedingungen Erscheinungen auf, die bei irdischen Materialien nicht vorkommen. Schleift man beispielsweise einen Eisenmeteoriten an und ätzt die Schlifffläche mit einer Säure, beobachtet man Scharen feiner Linien, die sich teilweise durchkreuzen (Widmannstättensche Figuren).

Meteorite stammen aus den Kindertagen unseres Sonnensystems. Ihr Alter liegt bei etwa 4,6 Milliarden Jahren. Das macht sie auch für die Erforschung der Geschichte unserer kosmischen Umgebung ausgesprochen interessant. Der größte je gefundene Steinmeteorit hat eine Masse von über 1 000 kg. Der größte in einem Stück gefundene Eisenmeteorit hingegen (Hoba West, Namibia) rund 60 000 kg. Besonders viele Meteorite sind in den vergangenen Jahrzehnten im Eis der Antarktis gefunden worden. Dort

ist die Entdeckungswahrscheinlichkeit nämlich viel größer als sonstwo auf der Erde, weil ein dunkler meteoritischer Körper auf den Eisflächen sofort auffällt. Zu den Exoten unter den antarktischen Meteoriten zählen einige Exemplare von Mond- und Marsmaterial.
Meteorite haben der Erde einen deutlichen Stempel in Gestalt von Meteoritenkratern aufgeprägt. Infolge der verhältnismäßig dichten Atmosphäre der Erde und der Wetterphänomene sind aber die älteren Krater zum Teil bis zur Unkenntlichkeit verwittert. Erst die Betrachtung der Erde aus großen Höhen durch Flugzeuge und Satelliten haben auch die kaum noch als Meteoritenkrater kenntlichen Gebilde bekannt werden lassen.
Einer der eindrucksvollsten Meteoritenkrater befindet sich in Arizona (USA). Sein Durchmesser beträgt knapp 1 300 m, seine Tiefe 175 m. Auch in Deutschland gibt es zwei große Meteoritenkrater, die aber nur noch in Andeutungen zu erkennen sind: Das Nördlinger Ries mit einem Durchmesser von 25 Kilometern und das Steinheimer Becken auf der Schwäbischen Alb.
Auf anderen Himmelskörpern ohne eine nennenswerte Atmosphäre haben Meteoriteneinschläge zu ausgesprochen pockennarbigen Oberflächenstrukturen geführt. Das bekannteste Beispiel ist der Erdmond mit einem breiten Spektrum von Riesenkratern bis hin zu winzigsten „Schlaglöchern". Auch Merkur und Mars, selbst die Venus, aber auch die Eismonde der Riesenplaneten und selbst die Kleinen Planeten sind stark durch Meteoritenbombardements geprägt.

KLEINE PLANETEN

Kleine Planeten (auch Planetoiden oder Asteroiden genannt) sind so lichtschwach, daß sie mit dem bloßen Auge nicht gesehen werden können.

Schon Johannes Kepler war es im 17. Jahrhundert merkwürdig vorgekommen, daß zwischen dem Planeten Mars (mittlerer Sonnenabstand 1,5 AE) und dem Planeten Jupiter (mittlerer Abstand 5,2 AE) eine erstaunlich große Lücke klafft. Allmählich kam unter den Astronomen die Vermutung auf, daß es zwischen den beiden Planeten einen weiteren Wandelstern geben könne, der nur noch nicht entdeckt sei. Man beschloß eine umfangreiche Suchaktion in der Ekliptik, der Hauptebene des Sonnensystems, in der sich auch die anderen damals bekannten Planeten bewegen. In der Neujahrsnacht des Jahres 1801 fand der italienische Astronom G. Piazzi zufällig ein lichtschwaches Objekt, das aber nicht wie ein Fixstern aussah. Zunächst verfolgte er das Sternchen bis in den Monat Februar hinein, wurde dann aber krank. In Nordeuropa herrschte gerade schlechtes Wetter und

als sich die Regenwolken wieder verzogen hatten, war der geheimnisvolle Stern verschwunden. Daraufhin machte sich der junge Mathematiker C. F. Gauß an eine Bahnberechnung, wozu er eine gänzlich neue Methode entwickelte. Der Erfolg war außerordentlich: Gauß sagte die Position des verlorengegangenen Himmelskörpers voraus und der Bremer Arzt und Astronom W. Olbers fand das Objekt daraufhin genau ein Jahr nach der Entdeckung wieder!
Nachdem man nun die Bahn des Neulings kannte, war rasch klar, daß es sich um einen recht winzigen Himmelskörper handeln mußte. Um an die Tradition der antiken Namen für Planeten anzuknüpfen, wurde der Kleinplanet nach der römischen Getreidegöttin auf den Namen Ceres getauft. Doch die eigentliche Überraschung folgte erst später. Im Frühjahr des Jahres 1802 fand Olbers nämlich noch einen weiteren Winzling, Pallas, getauft auf den Namen eines der griechischen Titanen. Zum größten Erstaunen der Fachleute bewegten sich jedoch beide Planeten fast in derselben Bahn. Olbers spekulierte, daß es sich möglicherweise um zwei Bruchstücke des vermuteten ehemals größeren Planeten handeln könnte. Diese These gewann noch an Wahrscheinlichkeit, als im Jahre 1804 ein drittes Objekt mit ähnlichen Bahndaten und schließlich 1807 – wiederum durch Olbers – noch ein viertes Exemplar der neuen Gattung gefunden wurde.
Nach einer längeren Entdeckungspause begann um die Mitte des 19. Jahrhunderts eine neue Epoche von Funden. Gegen Ende des Jahrhunderts kannte man bereits 300 Kleine Planeten. Dann wurde

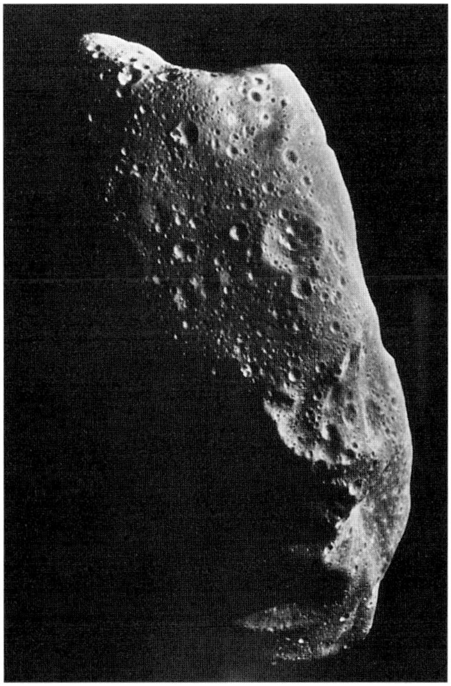

Der Kleinplanet Ida, aufgenommen von der Galileo-Sonde

ein neues Hilfsmittel in die astronomische Forschung eingeführt: die Fotografie. Die Zahl der bekannten Kleinplaneten schnellte sprunghaft in die Höhe. Vor allem der Heidelberger Astronom Max Wolf leistete auf diesem Gebiet Pionierarbeit. Er allein entdeckte insgesamt 233 Kleinplaneten, andere folgten und bald kannte man über 1 000 Objekte. Gegenwärtig liegt die Anzahl der entdeckten Kleinplaneten bei über 13 000. Allerdings sind nur von etwa 4 000 Objekten auch die Bahnen bekannt. Nach der Entdeckung der ersten Vertreter der Gruppe der Kleinplaneten folgte man bei ihrer Benennung noch der Tradition, Namen aus der antiken Mythologie zu benutzen. Doch bald waren die antiken Vorräte aufgebraucht, während immer neue Kleinplaneten entdeckt wurden. So einigte man sich darauf, auch weibliche Vornamen, Städtenamen sowie die Namen berühmter Forscher u. a. zu verwenden. Doch getauft wird ein Kleinplanet erst dann, wenn seine Bahn gesichert ist. Bis dahin muß er mit einer Nummer vorliebnehmen.

Achtung Erdbahnkreuzer

Kleine Planeten zählen zu den Körpern des Sonnensystems, deren Massen und Durchmesser weit hinter denen der großen Planeten zurückbleiben, die aber die Sonne – wie ihre großen „Geschwister" – auf elliptischen Bahnen umlaufen. Die Durchmesser der größten Kleinplaneten liegen zwischen rund 300 km (Juno) und knapp 1 000 km (Ceres). Die meisten Kleinplaneten sind bedeutend winziger. In Extremfällen betragen die Durchmesser nur wenige Kilometer. Die Gesamtzahl der Kleinplaneten in unserem Sonnensystem kann nur geschätzt werden. Für Durchmesser über einem Kilometer mögen es 50 000 sein. Kleinere Körper mit eingeschlossen, wächst die Zahl ins Unermeßliche.

Die meisten Kleinplaneten bewegen sich zwischen den Bahnen der großen Planeten Mars und Jupiter um die Sonne. Man spricht in diesem Zusammenhang vom Planetoidengürtel. Doch mit der Zunahme der Zahl bekannter Objekte wurden auch immer mehr Kleinplaneten gefunden, deren Bahnverlauf im Sonnensystem sich von denen im Hauptgürtel unterscheidet. So bewegen sich z. B. die Planetoiden der Amor-Gruppe über die Marsbahn in das Innere des Sonnensystems hinein und kommen sogar der Erde recht nahe. Der sonnenfernste Punkt ihrer Bahn liegt am inneren Rand des Planetoidengürtels. Ausgesprochene „Erdbahnkreuzer" sind die Kleinplaneten der Apollo-Gruppe, benannt nach dem erstentdeckten Objekt Apollo (1932), das sich bis in das Innere der Venusbahn hineinbewegt. In jüngster Zeit sind immer mehr solcher teilweise sehr kleinen Asteroiden entdeckt worden, die der Erde möglicherweise einmal gefährlich werden können (siehe Special: Wie gefähr-

DIE ERSTEN PLANETOIDEN IN DER REIHENFOLGE IHRER ENTDECKUNG

Name	Entdecker und Zeit der Entdeckung	Geringster Abstand von der Sonne in AE	Durchmesser in km
Ceres	Piazzi 1. 1. 1801	2,55	940
Pallas	Olbers 28. 3. 1802	2,12	580 x 470
Juno	Harding 1. 9. 1804	1,98	288 x 230
Vesta	Olbers 29. 3. 1807	2,15	576
Astraea	Hencke 8. 12. 1845	2,08	120

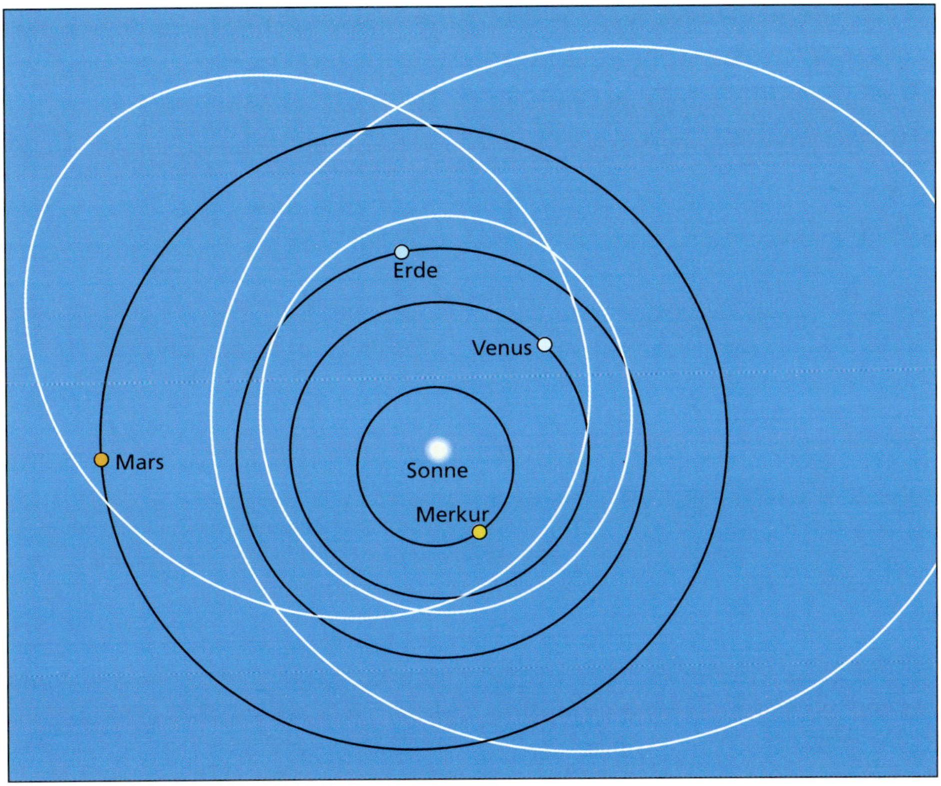

Einige Bahnen von Erdbahnkreuzern im Bereich des inneren Sonnensystems

lich sind kosmische Bomben?). Dies trifft auch auf die Planetoiden der Aten-Gruppe zu, die im Bereich der Erdbahn anzutreffen sind und sich höchstens bis in die Gegend des Mars entfernen. Im Januar 1991 hatte sich z. B. ein Objekt dieser Gruppe der Erde bis auf 180 000 km angenähert. Der Durchmesser dieses Himmelskörpers betrug allerdings nur 8 Meter.

In den äußeren Bereichen des Sonnensystems existiert vermutlich ein weiterer Gürtel von Kleinplaneten. Möglicherweise steht er mit dem Kuiper-Kometenring in Verbindung. Der äußere Planetoidengürtel würde dann übrigens auch die Anomalitäten des Pluto in einem anderen Licht erscheinen lassen: Vielleicht ist nämlich Pluto nur ein besonders großer Vertreter dieser Gruppe von Kleinplaneten in den Tiefen des Raumes.

Die Natur der Kleinplaneten zu entschlüsseln, ist ein schwieriges Unterfangen. Zwei Beobachtungsdaten vor allem haben etwas Licht in das Dunkel dieses Problems gebracht: ihr Helligkeitswech-

DIE ERDANNÄHERUNG EINIGER PLANETOIDEN

Objekt	Datum	Kleinster Abstand von der Erde in 10^6 km
1991 BA	18. 1. 1991	0,2
Asclepius	März 1989	0,6
Hermes	30. 10. 1937	0,9
Hather	20. 10. 1976	1,2
Adonis	7. 2. 1936	2,2

sel und das Rückstrahlvermögen (Albedo). Viele Kleinplaneten wechseln ihre Helligkeit oft binnen weniger Stunden. Daraus kann man ersehen, daß sie einerseits rotieren, andererseits aber eine unregelmäßige Gestalt aufweisen. Fügt es sich, daß ein Kleinplanet vor einem weit entfernten Stern vorüberläuft, hat man die Chance, den Durchmesser direkt zu bestimmen. Man muß dann feststellen, wie lange der Stern von dem Planetoiden abgeschirmt wird. Aus dem Rückstrahlvermögen der Kleinkörper für das Licht der Sonne kann man auf ihre Zusammensetzung schließen. So sind z. B. die Objekte mit besonders geringem Rückstrahlvermögen stark kohlenstoffhaltig. Das mittlere Rückstrahlvermögen einiger Planetoiden läßt sich auf Silikate (Gesteinsmaterial) zurückführen, jedenfalls an der Oberfläche. Es gibt jedoch auch Kleinplaneten, die offenkundig aus Nickel und Eisen bestehen und über ein hohes Rückstrahlvermögen verfügen. Inzwischen sind mehrere Asteroiden auch durch Raumsonden aus größter Nähe untersucht worden. So flog z. B. die amerikanische Sonde Galileo Ende Oktober 1991 in nur 1 600 km Abstand am Kleinplaneten Gaspra (Nr. 951) vorbei. Dabei gelangen ausgezeichnete Fotos, die uns einen unregelmäßig geformten kleinen Körper der Abmessungen 20 x 10 x 11 km zeigen, auf dessen staubbedeckter Oberfläche sich zahlreiche größere und kleinere Krater erkennen lassen.

EIN KOMPLEXES WELTSYSTEM

Die einfache Ordnung des Sonnensystems, wie sie in den meisten Büchern bis heute beschrieben wird, gibt die inzwischen entdeckten Tatsachen über unsere nähere kosmische Umgebung nur in grober Näherung wieder. Der Blick auf die Geschichte des Sonnensystems eröffnet neue Perspektiven.

Die genauere Untersuchung der Planetoiden hat bald Zweifel daran aufkommen lassen, ob es sich bei den Kleinplaneten um grundsätzlich andere Körper als bei den Kometen handelt. Einige Asteroiden enthalten nämlich durchaus auch Eis oder Mineralien, in denen Wasser gebunden ist. Dies trifft z. B. auf die erstentdeckte Ceres zu, wie sich aus spektroskopischen Untersuchungen ergab. Andererseits scheint es auch Kometenkerne aus rein silikatischem Material zu geben. Durch solche Feststellungen werden die einst für unverrückbar gehaltenen Unterschiede zwischen den beiden Klassen von Objekten verwischt. Auch die Kennzeichnung von Kometen und Kleinplaneten aufgrund ihrer Bahnen ist nicht streng durchzuhalten. So wurde z. B. im Jahre 1977 im äußeren Sonnensystem ein Objekt gefunden, das den Namen Chiron erhielt und das sich zwischen den Bahnen von Saturn und Uranus bewegt, wo es einen typischen „Kometenweg“ durchläuft. Die Dimension des Objektes von einigen hundert Kilometern Durchmesser fällt aber deutlich aus dem Rahmen für Kometen und die Farbe ähnelt ebenfalls der dunkler Asteroiden.

Doch damit nimmt die Verwirrung bei der systematischen Einteilung der Körper des Sonnensystems, wie wir sie in allen klassischen Darstellungen der Astronomie finden, nur ihren Anfang. Was ist mit den Monden der Planeten? Die zuerst entdeckten sind kugelförmig und haben z. T. Durchmesser, die denen der kleinsten Planeten gleichkommen oder diese sogar übertreffen.

Unter den Monden der Riesenplaneten wurden sogar einige Objekte entdeckt, die nicht nur größer, sondern auch geologisch sehr viel aktiver sind als mancher der sogenannten Planeten. Doch dann wurden immer mehr wesentlich kleinere Satelliten gefunden. Diese sind keineswegs kugelförmig. Außerdem bewegen sie sich auch nicht ausnahmslos prograd, d. h. wenn man das Sonnensystem von oben betrachtet entgegen dem Uhrzeigersinn, sondern umgekehrt (retrograd). Das trifft aber wiederum nicht etwa nur auf die „Winzlinge“ unter den Satelliten zu, sondern z. B. auch auf Triton, den größten Mond des Neptun. Die anfänglich so einfache Systematik des Sonnensystems war offenbar nicht mehr zu halten: Große Monde, kleine Monde, retrograde und prograde umlaufende Satelliten, Asteroiden zwischen Mars und Jupiter, aber auch im äußeren Sonnensystem sowie keine stichhaltige Unterscheidung mehr zwischen den Kometen und den Kleinen Planeten – das alles erschütterte die gedachte einfache Ordnung der Körper des Sonnensystems.

Planetesimale als Bausubstanz

Die verwirrende Vielfalt von Erscheinungsformen in unserem Sonnensystem führt erst dann wieder zu einem einigermaßen klaren Bild, wenn wir die Geschichte des Systems betrachten. Heute wissen wir, daß unser Planetensystem in einer sehr fernen Vergangenheit, als es die großen Planeten noch gar nicht gab, aus einer Unzahl kleiner Objekte bestand, die wir Planetesimale nennen. Sie hatten Durchmesser von einigen hundert bis herab zu einigen wenigen Kilometern oder noch weniger. Sie waren aus dem Urnebel entstanden, der Muttersubstanz der Sonne und ihrer ganzen Familie von verschiedenen Objekten. Doch die Bedingungen waren je nach Abstand vom Zentrum des Nebels sehr verschiedenartig. Nahe der Sonne wurde der Urnebel stets auf hoher Temperatur gehalten. Die dort entstandenen Planetesimale mußten demnach aus solchen Mineralien bestehen, die bereits bei hohen Temperaturen in den festen Aggregatzustand übergehen, d. h. aus Nickel, Eisen und Silikaten. Weiter draußen im Sonnensystem kondensierten bei viel niedrigeren Temperaturen auch kohlenstoff- und wasserstoffhaltige Verbindungen aus, in die auch flüssiges Wasser mit eingeschlossen wurde. Je weiter wir nach außen kommen, in die Region von Jupiter und der anderen Riesenplaneten, desto mehr Wasser bildete sich aus den reichhaltigen Sauerstoff- und Wasserstoffvorkommen. Noch niedrigere Temperaturen waren notwendig, damit auch Methan „vereisen“ konnte, wie wir es im Bereich von Uranus und dem ihm folgenden Planeten finden. Die von Anbeginn unterschiedlich zusammengesetzten Planetesimale waren nun der Rohstoff für die großen Planeten, die dementsprechend ebenfalls ganz unterschiedlich aufgebaut sind. So erklären sich die hohen Dichten der „inneren“ Planeten und die geringen der „äußeren“.

Aber auch andere Tatsachen werden verständlich: Warum der äußere Asteroidengürtel z. B. im wesentlichen aus kohlenstoffreichen Materialien besteht oder die Monde des Jupiter und Saturn zu großen Teilen aus Wassereis. Die Asteroiden zwischen Mars und Jupiter hingegen sind steinige Planetesimale, die sich wegen der großen Masse des Jupiter nicht zu einem Planeten formieren konnten. Hätten sie es getan, würde auch dieser Planet eine vergleichsweise hohe mittlere Dichte aufweisen. Die Planetesimale des äußeren Sonnensystems haben durch ihre gelegentlichen Vorbeiflüge an den Riesenplaneten dramatische Bahnveränderungen erfahren. Sie wurden in lange elliptische Bahnen befördert und tauchen gelegentlich als Kometen in unserer kosmischen Umgebung auf. Sicher gab es aber auch viele steinige Planetesimale aus dem inneren Sonnensystem, die durch die Masse des Jupiter nach außen geschleudert wurden. Ihre Bahnen waren natürlich angesichts ihrer geringen Massen wenig stabil und wurden beim Vorbeiflug an verschiedenen Planeten weiter verändert. Im Lichte eines solchen Szenarios verwundert es kaum noch, daß wir unter den Jupitermonden steinige Objekte finden, die sich nicht von entsprechenden Asteroiden unterscheiden und wahrscheinlich tatsächlich durch die gewaltige Masse des Jupiter eingefangene

Kleinplaneten sind. Auch der äußere Saturnmond Phoebe könnte „einverleibt" worden sein, denn er ist dunkel und steinig, während die inneren Saturnmonde Eiskörper darstellen. Die kartoffelförmigen Monde des Mars zählen ebenfalls zu dieser Gattung von Planetenmonden, und der nach Bahnform und Größe sowie nach seiner mittleren Dichte schon immer etwas obskure Pluto wäre dann in der Tat kein echter Vertreter der „großen Planeten", sondern nur der größte der „Plutinos", der Kleinplaneten in den Außenbezirken des Sonnensystems.

Die ursprüngliche „klassische" Einteilung unseres Sonnensystems in Planeten, deren Monde, Kometen und Kleinplaneten ist aufgrund der Beobachtungen entstanden. Die verschiedenen Objekte wurden aufgrund ihres Erscheinungsbildes klassifiziert. Durch immer neue bekanntgewordene Details wird jedoch deutlich, daß sich die Objekte zwar tatsächlich in wesentlichen Eigenschaften unterscheiden, aber auf einen gemeinsamen Ursprung zurückgehen, die kleinen „Urbrocken" oder Planetesimale. Aus diesen sind schließlich auch die großen Planeten selbst entstanden. Während bei ihnen jedoch zahlreiche Umwandlungen der ursprünglichen Ausgangsobjekte erfolgten, stellen Kometen und Kleinplaneten bis heute die weitgehend unveränderten Urkörper des Sonnensystems dar.

DAS MILCHSTRASSENSYSTEM

STERNE UND STERNBILDER

Jedermann kennt wohl einige Sternbilder. Sie sind aber nur eine Orientierungshilfe und haben mit der Anordnung der Sterne in der Tiefe des Raums wenig zu tun. Das hat aber erst die Forschung der jüngeren Vergangenheit deutlich gemacht.

Von den Planeten und anderen Körpern des Sonnensystems haben wir erfahren, daß es sich um weitgehend erkaltete Objekte handelt, die wir am Himmel nur leuchten sehen, weil sie das Licht der Sonne reflektieren. Schon bei etwas sorgfältiger Beobachtung entdecken wir, daß sie ihre Stellung vor dem Hintergrund des Himmels rasch verändern. Dagegen ist das sternbesäte Firmament eines dunklen Nachthimmels überwiegend mit leuchtenden Objekten angefüllt, die ihre Stellung zueinander immer beibehalten – den Fixsternen. Sterne strahlen mit unterschiedlichen Helligkeiten. Während wir gleißendhelle Exemplare erkennen, die unruhig zu flackern scheinen, sind andererseits manche Objekte so lichtschwach, daß wir sie nur mit extremer Anstrengung noch auszumachen vermögen. Doch Sterne unterscheiden sich nicht nur in ihren Helligkeiten, sondern auch nach ihren Farben. Dies ist schon schwieriger festzustellen. Besonders bei den hellen Sternen fallen aber deutlich weißlich-bläuliche, gelbliche und rötliche Sterne auf.

Dem Anschein nach befinden sich alle Sterne an der Innenseite einer Kugel enormer Größe, in deren Mitte wir selbst stehen. Deshalb glaubten unsere Vorfahren früher auch, daß die Schale der Fixsterne den kugelförmigen Kosmos nach außen abgrenzt, während sich Erde, Mond sowie die damals bekannten Planeten innerhalb dieser Kugel bewegen.

Himmelskunde kann nur betrieben werden, wenn man die untersuchten Objekte identifizieren kann und von Nacht zu Nacht, von Jahr zu Jahr, ja von Generation zu Generation immer wieder findet. Da die Sterne scheinbar völlig wahllos verteilt sind, gelingt die Orientierung am besten, wenn man ihnen ein Ordnungsprinzip verleiht. Das sind bis heute die Sternbilder.

Alle Kulturvölker haben den Sternen des Himmels Namen und Bedeutungen gegeben und sie großenteils in Gedanken durch Linien miteinander verbunden und dadurch zu Gestalten ihrer Phantasie gefügt. Die nordamerikanischen Indianer schufen ihren eigenen Sternbilderhimmel ebenso wie die Aborigines in Australien, die Chinesen, Inder oder die Sternweisen des alten Babylon. Für uns sind die in Babylonien, dem Zweistromland an Euphrat und Tigris entstandenen Bilder von besonderem Interesse, denn sie wurden von den Griechen übernommen. Diese wurden von den Arabern bewahrt und sind durch die europäische Renaissance in die abendländische westeuropäische Wissenschaft gelangt. So erklärt sich, daß die meisten alten Sternbilder, die wir heute noch benutzen, aus dem

Klassische Konturensternbilder gab es schon bei den Babyloniern, wie z. B. das hier gezeigte Sternbild Wassermann.

griechischen Kulturkreis stammen. Die Bilder anderer Völker hingegen sind nur noch von kulturhistorischem Interesse.

Bildgeschichten

Sternbilder erzählen Geschichten und wohl auch Geschichte. Warum thronen Perseus und Andromeda unweit von Kassiopeia und Kepheus? Weil hier die Geschichte von der Königstochter Andromeda erzählt wird, deren Mutter Kassiopeia sich den Nereiden an Schönheit gleich dünkte und dafür vom Meeresgott Poseidon bestraft wurde. Er schickte das Meeresungeheuer in Gestalt des unweit am Himmel plazierten Walfischs, das die an einen Felsen geschmiedete Andromeda vernichten sollte. Doch aus der Luft naht Perseus, befreit Andromeda und heiratet sie. Wahrlich ein antikes Drama mit Happy End, das bis heute in klaren Herbstnächten am Himmel erstrahlt.

Eine aufschlußreiche Tatsache ist die häufig vorkommende enge räumliche Nachbarschaft zwischen Mensch und Tier am klassisch-griechischen Sternbilderhimmel. Menschen können freilich auch Helden oder gar Götter sein, Tiere auch Fabelwesen. So folgt z. B. der Drache auf die Heldengestalt des Herkules, der giftige Skorpion auf den Schlangenträger, der wiederum eine Schlange auf dem Arm hält. Der Stier folgt dem Fuhrmann, der Ziegenfisch dem Wassermann und an den Zentaur, jenes Mischwesen aus Pferdeleib und Menschenkopf, reiht sich der Wolf. Dieses „Motiv der Tierbeherrschung“ läßt erkennen, daß es den Schöpfern der alten Sternbilder offensichtlich darauf ankam, ein bedeutsames Ereignis der Menschheitsgeschichte am Himmel zu verewigen: Die Auseinandersetzung des Menschen mit dem Tier – sowohl in der Jagd als auch in der späteren Domestikation. Die Geschichten, die sich um Mensch und Tier, um Helden und Fabelwesen ranken, sind oft von ähnlichem Inhalt. Entweder wurden diese alten Erzählungen selbst „an den Himmel versetzt“, oder es wurden Gebilde, die der Phantasie durch Zusammenfassung heller Sterne entsprangen, in Geschichten eingebaut, d. h. die Erzählungen entstanden durch „Ablesen“ aus den Sternkonstellationen. Insofern ist der himmlische Bilderbogen tatsächlich eine Art „Trümmerfeld verschollener Geschichten und

Vorstellungen", wie es der deutsche Astronom B. Sticker einmal formulierte.

Die Sternbilder hatten in alter Zeit durchaus praktische Bedeutung sowohl für die Landwirtschaft als auch für die Schiffahrt. Dies hängt mit der leicht feststellbaren Tatsache zusammen, daß wir es nicht zu allen Jahreszeiten und Nachtstunden mit demselben Himmelsanblick zu tun haben. Da sich nämlich unsere Sonne (scheinbar) entgegen der täglichen Himmelsdrehung von Tag zu Tag um rund 1 Grad ostwärts bewegt, geht ein bestimmter Stern von einem Tag zum anderen rund 4 Minuten früher auf. Deshalb unterscheiden wir die typischen „Wintersternbilder" von denen des Sommers oder Frühlings und Herbstes.

Schon die Ägypter wußten vor mehr als 4 000 Jahren, daß der Sternhimmel zugleich eine natürliche Uhr darstellt, an deren Zifferblatt wir Datum und Uhrzeit der Nachtstunden ablesen können. In den Grabkammern ihrer Könige und sogar auf den Sargdeckeln haben sie solche „Sternuhren" dargestellt. Anweisungen für den Ackerbauern beziehen sich deshalb unmittelbar auf die Sternbilder und untermauern insofern ihren praktischen Sinn. So ruft z. B. der berühmte griechische Dichter Hesiod in seinem Lehrgedicht – wie auf dieser Seite rechts oben – „Werke und Tage" zu Aussaat und Ernte mit Blick auf den Himmelskalender auf, wenn er schreibt:

Wenn das Gestirn der Plejaden, der
Atlastöchter emporsteigt,
Dann beginne die Ernte, doch pflüge,
wenn sie hinabgehn;
Sie sind vierzig Tage und vierzig Nächte
beisammen
Eingehüllt, doch wenn sie wieder im
kreisenden Jahre
Leuchtend erscheinen, erst dann
beginne die Sichel zu wetzen:
Also ist es Brauch bei Feldbau,
ob man im Meere
Nahe behaust ist oder in waldumgeben-
den Tälern
Fern der wogenden See auf einem
fetten Gefilde
Wohnt.

Praktische Bedeutung

Insgesamt kennen wir heute in der internationalen Astronomie 88 Sternbilder. Davon entstammen 44 der griechischen Antike. Die anderen Bilder wurden später erfunden. Ein großer Teil dieser „Nachzügler" bezieht sich auf den südlichen Sternhimmel, der erst durch die großen geographischen Erkundungsfahrten bekannt geworden ist. Selbstverständlich zeugen auch diese teilweise exotischen oder auf die Schiffahrt bezogenen Namen der Bilder von den Umständen ihrer Entstehung: Tukan, Paradiesvogel, Fliegender Fisch oder Segel und Kompaß belegen dies anschaulich.

Den Sternbildern sind heute präzis definierte Grenzen zugeordnet, die längs eines „himmlischen" Koordinatennetzes verlaufen, gleichsam parallel zu den Breiten- und Längenkreisen des Firmaments (siehe Sternkarte, S. 106). Diese wiederum sind aus den irdischen Koordinaten hergeleitet, den Längen- und Breitenkreisen, mit deren Hilfe wir Positionen auf unserem Heimatplaneten beschreiben.

Für die Forschung genügt es, bei der Beschreibung von Positionen der Himmelskörper diese Koordinaten zu verwenden. Die Sternbilder haben dennoch ihre Bedeutung keineswegs verloren. Einerseits wohl wegen ihrer poetischen Kraft und historischen Bedeutung. Andererseits aber auch zur besseren Übersichtlichkeit. Wenn wir nämlich hören, ein bestimmtes Objekt stünde im Sternbild Orion, so wissen wir sofort, daß es somit bei uns in den Abendstunden am Winterhimmel zu sehen ist. Das setzt allerdings eine bestimmte Vertrautheit mit der Topo-

DIE 88 STERNBILDER DES HIMMELS

Sternbild	Lateinischer Name	Abkürzung
Adler	Aquila	Aql
Altar	Ara	Ara
Andromeda	Andromeda	And
Großer Bär	Ursa Major	UMa
Kleiner Bär	Ursa Minor	UMi
Bärenhüter	Bootes	Boo
Becher	Crater	Crt
Bildhauerwerkstatt	Sculptor	Scl
Chamäleon	Chamaeleon	Cha
Chemischer Ofen	Fornax	For
Delphin	Delphinus	Del
Drache	Draco	Dra
Südliches Dreieck	Triangulum Australe	TrA
(Nördliches) Dreieck	Triangulum Boreale	Tri
Eidechse	Lacerta	Lac
Einhorn	Monoceros	Mon
Eridanus (Fluß)	Eridanus	Eri
Fernrohr	Telescopium	Tel
Fische	Pisces	Psc
Südlicher Fisch	Piscis Austrinus	PsA
Fliege	Musca	Mus
Fliegender Fisch	Volans	Vol
Fuchs	Vulpecula	Vul
Füllen	Equuleus	Equ
Giraffe	Camelopardalis	Cam
Grabstichel	Caelum	Cae
Haar der Berenike	Coma Berenikes	Com
Haase	Lepus	Lep
Heck des Schiffes	Puppis	Pup
Herkules	Hercules	Her

Sternbild	Lateinischer Name	Abkürzung
Großer Hund	Canis Major	CMa
Kleiner Hund	Canis Minor	CMi
Indianer, Inder	Indus	Ind
Jagdhunde	Canes Venatici	CVn
Jungfrau	Virgo	Vir
Kassiopeia	Cassiopeia	Cas
Kentaur	Centaurus	Cen
Kepheus	Cepheus	Cep
Kiel des Schiffes	Carina	Car
Kompaß	Pyxis	Pyx
Kopf der Schlange	Serpens	Caput, Ser
Kranich	Grus	Gru
Krebs	Cancer	Cnc
Kreuz (des Südens)	Crux	Cru
Südliche Krone	Corona Australis	CrA
Nördliche Krone	Corona Borealis	CrB
Leier	Lyra	Lyr
(Großer) Löwe	Leo Major	Leo
Kleiner Löwe	Leo Minor	LMi
Luchs	Lynx	Lyn
Luftpumpe	Antila	Ant
Malerstaffelei	Pictor	Pic
Mikroskop	Microscopium	Mic
Netz	Reticulum	Ret
Oktant	Octans	Oct
Orion	Orion	Ori
Paradiesvogel	Apus	Aps
Pegasus	Pegasus	Peg
Pendeluhr	Horologium	Hor
Perseus	Perseus	Per
Pfau	Pavo	Pav

graphie des Himmels voraus und auch mit den jahreszeitlich wechselnden Sichtbarkeitsbedingungen der verschiedenen Sternbilder. Eine reichhaltige Spezialliteratur zum Kennenlernen des Sternhimmels bietet hier jedoch unkomplizierte Hilfestellung.

Sternbild	Lateinischer Name	Abkürzung
Phönix	Phoenix	Phe
Pfeil	Sagitta	Sge
Rabe	Corvus	Crv
Schild (des Sobieski)	Scutum	Sct
Schlangenträger	Ophiuchus	Oph
Schütze	Sagittarius	Sgr
Schwan	Cygnus	Cyg
Schwanz der Schlange	Serpens	Cauda, Ser
Schwertfisch	Dorado	Dor
Segel des Schiffes	Vela	Vel
Sextant	Sextans	Sex
Skorpion	Scorpius	Sco
Steinbock	Capricornus	Cap
Stier	Taurus	Tau
Tafelberg	Mensa	Men
Taube	Columba	Col
Tukan	Tucana	Tuc
Waage	Libra	Lib
Walfisch	Cetus	Cet
Wassermann	Aquarius	Aqr
Wasserschlange	Hydra	Hya
Südliche Wasserschlange	Hydrus	Hyi
Widder	Aries	Ari
Winkelmaß	Norma	Nor
Wolf	Lupus	Lup
Zirkel	Circinus	Cir
Zwillinge	Gemini	Gem

Spekulationen

Was die Sterne ihrem Wesen nach sind, war den Menschen der Antike natürlich völlig unbekannt, als sie sie durch phantasievolle Gestaltung zu ordnen begannen. Daß die Götter zur Freude der Menschen silberne Nägel an der himmlischen Kuppel befestigt hätten, wurde sicherlich lange geglaubt.

Doch mit dem Zeitalter der Renaissance in Europa kamen ganz neue, provokative Ideen auf. Zu den kühnsten Denkern dieser Epoche zählte der Benediktinermönch Giordano Bruno im 16. Jahrhundert. Seine Gedanken im Anschluß an die Lehre des Copernicus reichten weit in die Zukunft hinein. Bruno bezeichnete das Weltall als unendlich und ohne ein Zentrum wie auch ohne einen begrenzenden Rand. Die Sterne des Himmels hielt er für fernstehende Sonnen, von denen er annahm, daß auch sie Planeten aufweisen, die wir nur nicht nachweisen können. In seinem Dialog „Vom unendlichen All und den Welten“ (1584) kommt Bruno zu folgendem Schluß: „Also gibt es nicht eine einzige Welt, eine einzige Erde, eine einzige Sonne, sondern so viele Welten als wir leuchtende Lampen über uns sehen, die alle nicht mehr und nicht weniger in dem einen Himmel, dem einen Raum . . . sind, als diese Welt, die wir bewohnen“.

Damit war aber noch keineswegs auch nur hypothetisch bestimmt, worum es sich bei den Sternen eigentlich handelt. Vielmehr führt der Vergleich der Sterne mit unserer Sonne zu dem anderen Problem: Was ist eigentlich die Natur der Sonne? Diese Frage konnte erst um die Mitte des 19. Jahrhunderts mit dem Auf-

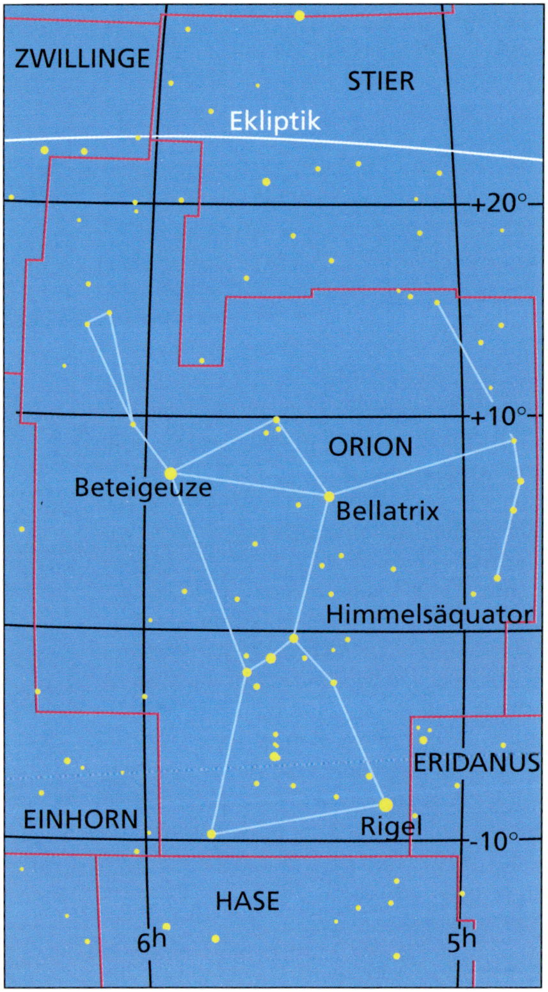

Moderne Sternkarte des Sternbildes Orion mit den international festgelegten Grenzen

kommen der Astrophysik in Angriff genommen werden. Noch kurz vor der Entdeckung, daß man unter bestimmten Umständen aus dem prismatisch zerlegten Licht einer Lichtquelle auf deren chemische Zusammensetzung schließen kann, waren viele namhafte Gelehrte extrem pessimistisch. So erklärte z. B. der Berliner Physiker H. Dove 1859: „Was die Sterne sind, wissen wir nicht und werden wir nie wissen“. Auch der Berliner Astronom J. H. Mädler bezweifelte noch 1870, daß man die „eigentliche innere Natur der einzelnen Fixsterne“ jemals in Erfahrung bringen könne.

STECKBRIEF DER STERNE

Mit der Einführung der Spektralanalyse zur Untersuchung des Sternenlichts entstand die Möglichkeit, über kosmische Distanzen hinweg chemische Analysen vorzunehmen. Ohne auch nur die geringste Menge von Sternmaterie in irgendeinem irdischen Laboratorium zur Verfügung zu haben, konnte man nun zuverlässige Aussagen über die Natur der Sterne machen.

Jetzt zeigte sich in aller Deutlichkeit, daß die Sterne von ganz ähnlicher Beschaffenheit sind wie unsere Sonne. Diese ließ nämlich im Band ihres zerlegten Lichts zahlreiche dunkle Linien erkennen, die nach ihrem Entdecker Fraunhofer benannt sind. Die Linien befinden sich präzise an denselben Stellen, bei denen in Spektren von leuchtenden Gasen im irdischen Labor farbige Linien auftreten. Kirchhoff hatte gemeinsam mit Bunsen herausgefunden, daß man aus den dunklen Linien auf das Vorkommen derselben Elemente in der Hülle der Sonne schließen konnte, wie sie den hellen Laborlinien entsprachen. Der Grund dafür, daß die Linien im Spektrum der Sonne und der Sterne dunkel sind, liegt darin, daß Sonne und Sterne von einer gasförmigen Hülle umgeben sind, die eine geringere Temperatur aufweist als das Innere. Mit einfachen Mitteln kann man diese „Umkehr“ der Linien von farbigleuchtend zu dunkel unter solchen Umständen heute in jedem besseren Schulversuch nachahmen.

Da wir von der Sonne soviel Strahlung empfangen, daß die Wärmeeinwirkung direkt gemessen werden kann, wußte man bereits über die Temperatur der Sonne gut Bescheid. Später kamen Temperaturbestimmungen direkt aus den Spektren bei Sonne und Sternen hinzu. Dadurch wurde schon bald klar, daß es sich bei Sonne und Sternen gleichermaßen um Gaskugeln handeln mußte. Die Temperaturen lagen bereits an den Oberflächen weit oberhalb des Verdampfungspunktes aller bekannten Elemente. Die Sterne waren offensichtlich tatsächlich Sonnen, wie schon G. Bruno einst vermutet hatte, und vor der Astrophysik stand die Aufgabe, diese Gaskugeln des uns umgebenden Universums so genau wie möglich zu beschreiben und zu erklären.

Eigenschaften der Sterne

Sterne sind selbstleuchtende Gaskugeln. Der Prototyp eines Fixsterns ist unsere Sonne. Das heißt aber nicht, daß die sonstigen Sterne des Himmels unserer Sonne gleichen. Sterne sind vielmehr ausgesprochene Individuen und kein Stern gleicht einem anderen in all seinen Eigenschaften. Dennoch haben Sterne als Gaskugeln viele gleichartige Merkmale, die es gestatten, die verschiedenen Individuen zu klassifizieren, wie man auch Menschen bei aller Unterschiedlichkeit in Gruppen, etwa nach Größe, Gewicht, Hautfarbe, Temperament usw. einteilen kann. Sterne werden hauptsächlich durch ihre physikalischen Zustandsgrößen ge-

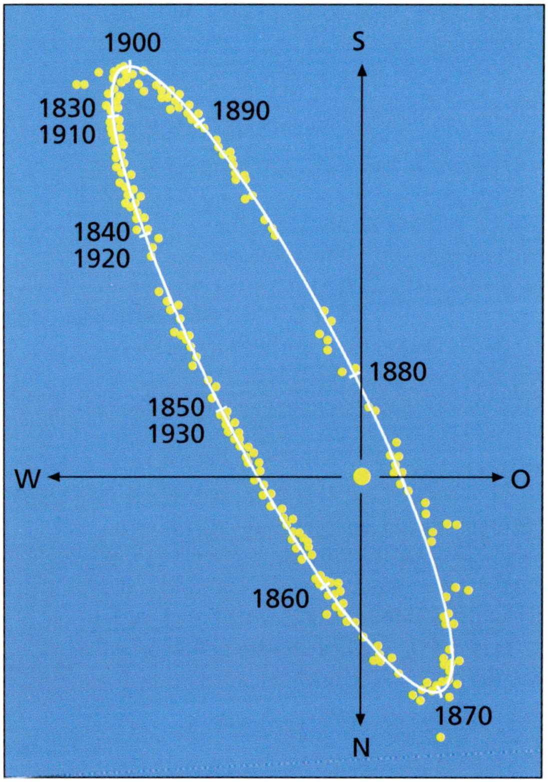

Bahn des Doppelsternsystems Alpha-Centauri. Die Abbildung zeigt eine langjährige Beobachtungsreihe und macht deutlich, welche Ausdauer und Mühe die Astronomen oft aufbringen müssen, um zu ihren Ergebnissen zu gelangen.

kennzeichnet, wie z. B. ihre Massen, Radien, Oberflächentemperaturen, mittlere Dichte, Leuchtkraft sowie die sogenannte Spektralklasse.

Daß die Bestimmung solcher Größen überhaupt möglich ist, mag manchen erstaunen, präsentieren sich doch sämtliche Sterne des Himmels – auch die uns am nächsten stehenden – punktförmig. Selbst mit Hilfe der größten Teleskope können wir – von wenigen Ausnahmen mittels Spezialtechniken abgesehen – keine flächenhaften Gebilde wahrnehmen. Lediglich bei der Sonne verhält es sich anders, da wir uns relativ nah bei ihr befinden.

Die Massen der Sterne können nur bestimmt werden, wenn die Möglichkeit besteht, zwei oder mehr Sterne unter dem gegenseitigen Einfluß ihrer Anziehungskraft zu studieren. Dann beobachten wir nämlich die Auswirkungen ihrer Masse auf andere Himmelskörper und haben somit Informationen in der Hand, die Rückschlüsse auf die Masse gestatten. Dies ist glücklicherweise sehr häufig der Fall, denn ein erheblicher Teil – mindestens die Hälfte aller Sterne – kommt in Form von Doppel- oder Mehrfachsternen vor. Zwei oder mehr heiße Gaskugeln bewegen sich um einen gemeinsamen Schwerpunkt. Die Beobachtung ihrer Bewegung führt dann zur Ableitung der Sternmassen. Die Massen der Sterne sind recht unterschiedlich. Die massereichsten Sterne, die wir kennen, bringen etwa das mehrhundertfache der Masse unserer Sonne auf die Waage. Hingegen weisen die masseärmsten Sterne etwa 1/50 der Sonnenmasse auf.

Allerdings sind die Massen der Sterne alles andere als gleichmäßig verteilt. So kommen z. B. Sterne mit der Masse unserer Sonne fünfmal so häufig vor wie Sterne der doppelten Masse. Die besonders schwergewichtigen Sterne mit etwa der einhundertfachen Sonnenmasse sind bereits extrem selten: Nur ein Exemplar dieser Sorte entfällt auf 50 000 Sterne mit der Masse unserer Sonne.

Die Radien der Sterne unterliegen ebenfalls erheblichen Schwankungen. Wir kennen Sterne, die nur den zehntausendsten Teil des Durchmessers unserer Sonne aufweisen und damit noch weitaus kleiner sind als die kleinsten Planeten des Sonnensystems. Dabei handelt es sich aber um Sterne in einem besonderen Abschnitt ihres Lebens (vgl. Special: Die drei Tode der Sterne). Auf der anderen Seite begegnen uns aber im Weltall auch Sterne mit dem mehr als hundertfachen Durchmesser unserer Sonne. Der Stern Beteigeuze z. B., der rötliche Schulterstern des Sternbilds Orion, hat etwa den 400fachen Durchmesser unserer Sonne, und er würde mit seiner Größe – auf unser Planetensystem übertragen – noch die Bahn des Planeten Mars einschließen.

Die Radien der Sterne können nur auf indirektem Wege bestimmt werden. Wie schon bei den Massen, sind auch diesmal wieder die Doppelsterne sehr hilfreich. Da nämlich die Ebenen, in denen sich die zusammengehörigen Komponenten um den gemeinsamen Schwerpunkt bewegen, ganz zufällig verteilt sind, kann es auch geschehen, daß wir genau auf die Bahnebene blicken. Dann erleben wir „Sternenfinsternisse“. Bei ihrem Umlauf bedecken sich die Sterne abwechselnd gegenseitig. Wir bemerken dies an der in immer gleichem Zeitabstand wiederkehrenden Veränderung ihrer Helligkeit. Mitunter können wir nicht einmal erkennen, daß es sich überhaupt um zwei Sterne handelt. Nur ihr regelmäßiges „Hell-Dunkel“ verrät sie als ein Doppelsternsystem. Wenn es nun gelingt, aus dem Spektrum des kleineren Sterns dessen Bahngeschwindigkeit zu ermitteln, dann lassen sich die Durchmesser der Sterne aus dem Verlauf ihres Lichtwechsels ableiten. Natürlich haben die Astronomen auch noch andere Verfahren zur

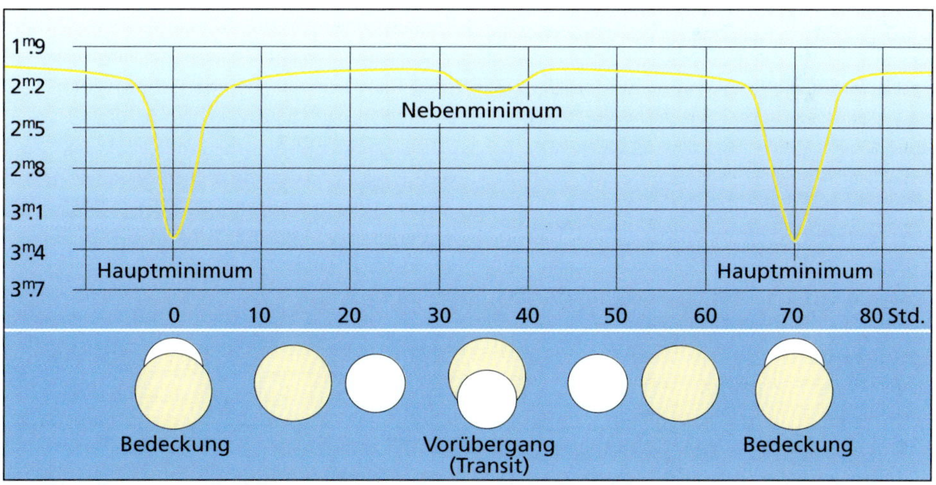

Bei bedeckungsveränderlichen Sternen beobachten wir aus großer Distanz gleichsam Sternenfinsternisse.

Verfügung, die es ihnen gestatten, die Dimensionen der Sterne in Erfahrung zu bringen.
Kennen wir den Durchmesser eines Sterns und seine Masse, so läßt sich die mittlere Dichte mühelos feststellen; aus dem Durchmesser ergibt sich nämlich sein Volumen und somit können Masse und Rauminhalt ins Verhältnis gesetzt werden. Die mittlere Dichte von Sternen weist die größte Schwankungsbreite von allen Zustandsgrößen auf. Wir kennen Sterne, deren Materie so dünn „gepackt" ist, daß sie nur etwa ein Millionstel der Dichte der Sonne aufweist. Am anderen Ende der Skala begegnen uns im Weltall jedoch extrem exotische Objekte mit einer mittleren Dichte vom 100billionenfachen der Sonnendichte. Von diesen Sternen „wiegt" ein Kubikzentimeter rund 100 Millionen Tonnen.

Sternspektren

Besonders viele Aussagen über das Wesen eines Sterns können aus seinem Spektrum abgelesen werden. Das Spektrum wird durch die sogenannte Spektralklasse beschrieben. Schon sehr früh nach der Einführung der Spektralanalyse wurde entdeckt, daß sich die äußeren Erscheinungsbilder der Spektren von Sternen erheblich voneinander unterscheiden. Die Spektren werden je nach ihrem Linienreichtum und anderen Kennzeichen in sieben „Hauptklassen" eingeteilt. Aus historischen Gründen wurden diese Klassen mit großen lateinischen Buchstaben bezeichnet, die anfangs alphabetisch geordnet waren, später jedoch wegen neuer Erkenntnisse umsortiert werden mußten. In der Folge der Farben der Sterne von blau über gelb zu orange und rot verwendet man jetzt die Buchstaben O, B, A, F, G, K und M. Wer Schwierigkeiten hat, sich diese Reihenfolge zu merken, denkt an die Aufforderung: „**O**, **b**e **a** **f**ine **g**irl, **k**iss **m**e!".
Zur genaueren Charakterisierung der Sternspektren sind noch Unterklassen eingeführt und genau definiert worden, so daß möglichst jedes Sternspektrum mit seinen Besonderheiten durch diese Zustandsgröße beschrieben werden kann. Der wichtigste Zusammenhang zwischen Spektralklasse und einer anderen Zustandsgröße besteht in der Zuordnung zu den Sterntemperaturen. So weisen z. B. die O-, B- und A-Sterne die höchsten, die F- und G- und K-Sterne die mittleren und die M-Sterne die niedrigsten Temperaturen auf. Die Zusammenhänge zwischen Spektralklasse, Sternfarbe und Temperatur sind in einer Tabelle zusammengefaßt.

EINTEILUNG DER STERNE NACH SPEKTRALKLASSEN

Sternfarbe	Spektralklasse	Temperatur	Beispielstern
Bläulich	O	25 000 °C	Spica
Weiß	B/A	10 000 °C	Sirius
Gelblich	F/G	6 000 °C	Sonne
Orange	G/K	4 700 °C	Arktur
Rötlich	M	3 300 °C	Beteigeuze

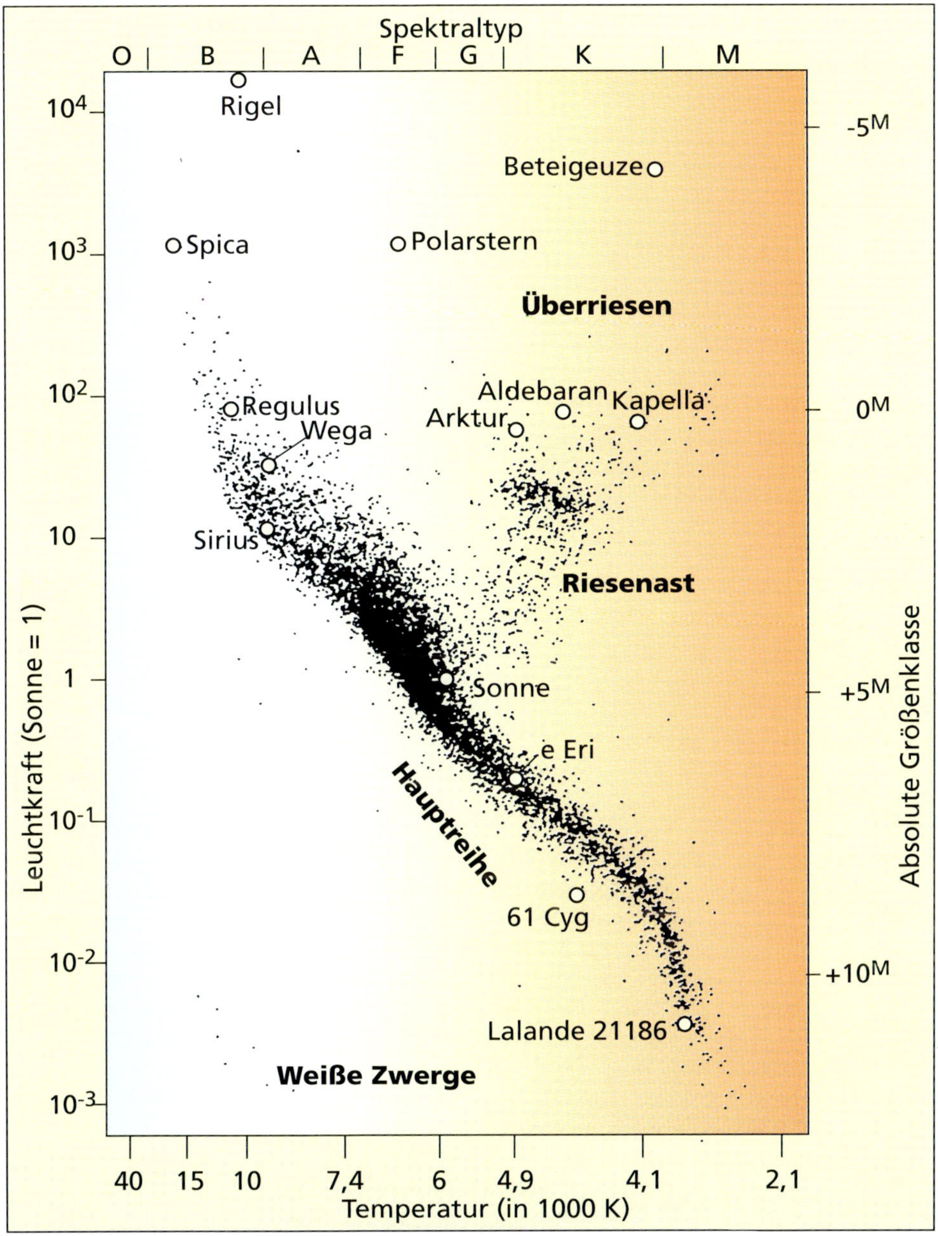

Im Hertzsprung-Russell-Diagramm werden die beiden Zustandsgrößen „Leuchtkraft" und „Spektraltyp" (Temperatur) miteinander kombiniert, wie es Seite 112 beschreibt.

Aus dem Sternspektrum lassen sich noch viele andere Größen entnehmen, u. a. die chemische Zusammensetzung der Sternatmosphären, das Vorkommen von Magnetfeldern usw. Wir werden deshalb noch oft in diesem Buch Hinweisen auf das Sternspektrum begegnen.

Für die Charakterisierung eines Sterns ist auch seine Leuchtkraft entscheidend. Eine entsprechende Größe ist die „absolute Helligkeit". Der Blick zum Himmel läßt uns nämlich nur die scheinbaren Helligkeiten der Sterne wahrnehmen. Dabei unterliegen wir den fatalsten Täuschungen. Ein besonders hell erscheinender Stern muß keineswegs wirklich besonders hell sein; er steht uns vielleicht nur besonders nahe. Umgekehrt könnte ein besonders lichtschwacher Stern unter seinen „Sterngeschwistern" durchaus der hellste sein – wegen seiner großen Entfernung von uns erspähen wir aber nur noch einen Schimmer seines Lichts. Hier schafft der Begriff der Leuchtkraft (absolute Helligkeit) Klarheit.

Die absolute Helligkeit eines Sterns ist nämlich seine wirkliche Helligkeit. Man denkt sich alle Sterne des Himmels in eine Einheitsentfernung versetzt und nennt die Helligkeit, mit der sie uns dann erscheinen, ihre absolute Helligkeit. Die Einheitsentfernung, auf die sich die Astronomen beziehen, beträgt aus hier nicht näher erläuterten Gründen 32,6 Lichtjahre. Um den Vergleich durchführen zu können, muß man allerdings die Entfernungen der Sterne kennen. Betrachten wir unsere Sonne aus diesem Einheitsabstand, so stellen wir fest, daß sie keineswegs der hellste Stern des Himmel ist, sondern ein recht unscheinbares Lichtpünktchen, das gerade noch mit dem bloßen Auge zu erkennen wäre. Andere Sterne strahlen mit fast der millionenfachen Leuchtkraft der Sonne. Allerdings gibt es auch Objekte, die im Vergleich zur Sonne nur etwa 1/100 an Energie ins Weltall schicken.

Leuchtkraft und absolute Helligkeit sind nicht dasselbe. Unter Leuchtkraft verstehen wir die je Sekunde von einem Stern abgestrahlte Energie. Die absolute Helligkeit ergibt sich jedoch daraus.

Leicht kann man sich nun überlegen, daß Temperatur, Leuchtkraft und Durchmesser eines Sterns eng miteinander zusammenhängen. Die Energie, die ein Stern je Quadratzentimeter abstrahlt, wird nämlich von seiner Temperatur bestimmt. Die Leuchtkraft entspricht aber der von seiner gesamten Oberfläche abgestrahlten Energie. Folglich können wir bei Kenntnis der Temperatur eines Sterns (Spektraltyp) und seiner Leuchtkraft (oder der absoluten Helligkeit) seinen Durchmesser berechnen. In den Spektren der Sterne gibt es nun Besonderheiten, die mit dem Druck in den Sternatmosphären zu tun haben. Aus diesen Kriterien kann die Leuchtkraft abgeleitet werden, so daß uns die Spektren auf diese Weise sogar Zugang zu den Dimensionen der Sterne verschaffen.

Ein berühmtes Diagramm (siehe S. 111), in dem die Leuchtkräfte und Temperaturen der Sterne zusammengefaßt sind, wurde von dem dänischen Astronomen Hertzsprung und von dem Amerikaner Russell entwickelt. Es ist für das Verständnis der Sterne von grundlegender Bedeutung und trägt heute den Namen der beiden Forscher.

LEBENSGESCHICHTEN

Nichts besteht ewig. Auch die Sterne des Universums unterliegen dem Gesetz von Werden und Vergehen. Jedoch dauert ein „Sternenleben" im Verhältnis zu dem eines Menschen so lange, daß wir beim Betrachten des Himmels kaum hoffen dürfen, Veränderungen, geschweige denn Geburt und Tod der Sterne unmittelbar wahrnehmen zu können. Dennoch ist es uns gelungen, in dem räumlichen Nebeneinander der verschiedenen Sterntypen ein zeitliches Nacheinander zu erkennen und die Lebensgeschichte der Sterne in ihren Grundzügen nachzuzeichnen – von ihrer Entstehung bis zu ihrem Ende.

Versuchen wir nun einmal, den Weg eines Sterns von seinem Werden mit einfachen Worten zu beschreiben: Sterne entstehen in ausgedehnten Gaswolken sehr geringer Dichte. Die erste jemals entstandene Generation von Sternen hatte nur zwei chemische Elemente zur Verfügung: Wasserstoff und Helium. Schwerere Elemente gab es damals noch nicht (vgl. Kapitel „Biographie des Universums"). In einer riesigen Gaswolke herrschen stets zufällig bedingte Dichteschwankungen.

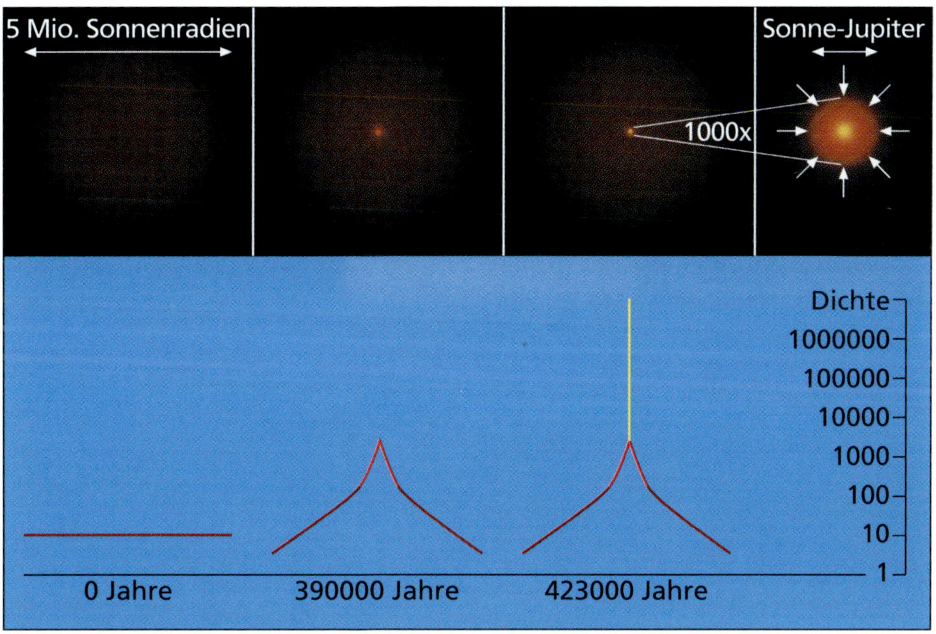

Die allmähliche Herausbildung eines Sterns aus einer riesigen Gas- und Staubansammlung

Blick in die Strukturen des Großen Orion-Nebels, einer Wiege der Sternentstehung

An Orten größerer Dichte sorgt eine geringfügig erhöhte Anziehungskraft dafür, daß sich immer mehr Gas ansammelt. Bei der Bewegung der Gasmassen auf das Zentrum wird Wärme frei, die aber zunächst ungehindert in den Weltraum entweichen kann, denn die Gaswolke ist so dünn, daß sie keinerlei ernsthaftes Hindernis für die Strahlung darstellt. Damit findet anfangs auch keine Aufheizung der Wolke statt. Hingegen kommt es zu einem Auseinanderbrechen der recht massereichen Wolke in mehrere kleinere, die sich ihrerseits wieder zusammenziehen, indem sie das Gas ihrer Umgebung auf sich vereinen. Erreichen nun die Gasklumpen eine solche Dichte, daß die freiwerdende Wärme sie nicht mehr unmittelbar verlassen kann, werden sie immer heißer. Damit kommt eine neue Kraft ins Spiel: Der von innen nach außen wirkende Gasdruck. Er bewirkt außerdem einen Ausgleich der unregelmäßigen Dichte des Gases, d. h., aus den anfänglichen Gasklumpen entwickeln sich kugelförmige Gebilde, die späteren Sterne. Das Zerbrechen der Gasmasse führt dazu, daß schließlich statt eines einzelnen Sterns gleich ein ganzer Sternhaufen entsteht – Rudel von Sternen in einem „Nest"! Beobachtungen mit großen Teleskopen zeigen uns, daß diese theoretischen Vorstellungen weitgehend der Wirklichkeit entsprechen. Von einem Stern können wir dann sprechen, wenn die durch die innere Temperatur des Gasballes bewirkten Druckkräfte der Schwerkraft die Waage halten, wenn sich das Objekt im Gleichgewicht befindet.

Der Vorgang der Zusammenziehung der Gasmasse läuft solange ab, bis in seinem Innern eine Temperatur von etwa 10 Millionen °C erreicht ist. Dann beginnt nämlich tief im Kerngebiet des Gasballes eine Reaktion, die für das weitere Leben des Objektes von entscheidender Bedeutung ist: die Kernfusion. Die Kerne der Wasserstoffatome, die Protonen, begegnen sich infolge der hohen Temperatur mit einer solchen Wucht, daß sie sich zu den Kernen schwerer Elemente zusammenfügen. So entsteht aus dem ursprünglich hauptsächlich vorhandenen Element Wasserstoff das schwerere Element Helium. Dieser Vorgang ist mit einer außerordentlich starken Energiefreisetzung verbunden. Die aus der Fusion von Wasserstoff entstehende Masse an Helium ist nämlich um einen geringfügigen Betrag kleiner als die Masse des Ausgangsmaterials. Bei der Fusion geht also Masse „verloren“. In Wirklichkeit wird sie in Energie umgewandelt, die in Form von Strahlung in Erscheinung tritt. Der Masseverlust ist derartig gering, daß wir trotz der teilweise enormen Energieabstrahlung des Sterns von einer praktisch konstanten Masse und von einer praktisch unveränderten Struktur des gesamten Gebildes Stern sprechen können. Der Stern zieht sich weder zusammen, noch dehnt er sich aus – er befindet sich jetzt im mechanischen Gleichgewicht. Außerdem besteht auch noch ein thermisches Gleichgewicht, d. h. der Stern erzeugt tief in seinem Innern durch Kernfusion ebensoviel Energie wie er nach außen abstrahlt.

Solange dieser Vorgang des „Wasserstoffbrennens“ im Inneren des Stern abläuft, bleibt die zentrale Temperatur ebenso konstant wie der Durchmesser des Sterns. Er befindet sich in seiner stabilen Lebensphase. Die in zentrumsnahen Gebieten entstehende Energie wird durch verschiedene Vorgänge nach außen transportiert und meist in Form von Licht abgestrahlt. Dabei ist der Weg eines einzelnen „Lichtteilchens“ (Photons) durchaus abenteuerlich. Da die Dichte im Sterninnern sehr hohe Werte annehmen kann und der Stern somit für Lichtteilchen weitgehend undurchlässig ist, gibt es keinen direkten Weg nach außen. Immer wieder werden die Photonen abgelenkt, treffen mit anderen Teilchen zusammen, die sie auf ihrem Weg behindern. Wenn die Teilchen mit der ihnen eigenen Lichtgeschwindigkeit ungehindert nach außen fliegen könnten, würden sie dafür nur

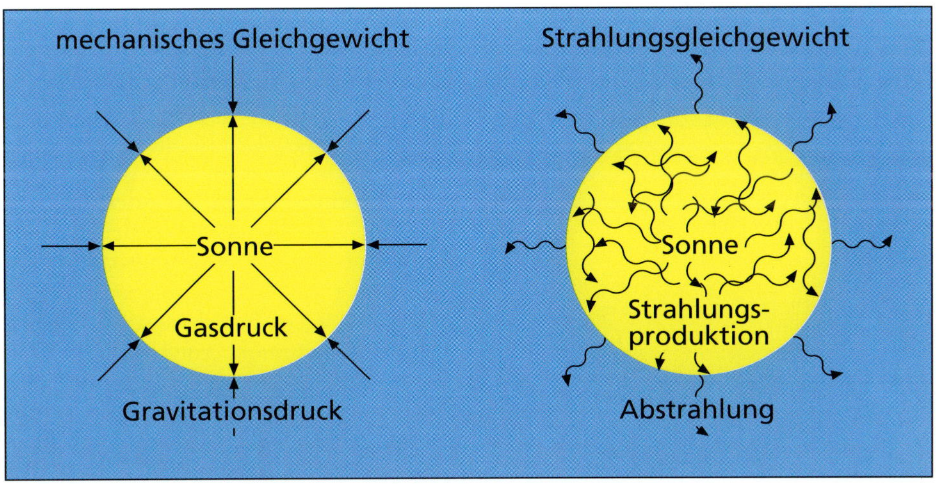

Der Stern als Gaskugel im mechanischen Gleichgewicht und im Strahlungsgewicht

2 Sekunden benötigen. So aber dauert es mehr als 100 000 Jahre, ehe ein Lichtteilchen in modifizierter Form aus dem Sonneninnern in den freien Weltraum gelangt!
Der Transport der Strahlung allein kann das Gleichgewicht nicht gewährleisten. Deshalb findet außerdem noch ein Energieaustausch von innen nach außen durch direkt strömende heiße Gase statt, die sogenannte Konvektion.
Natürlich kann der Stern trotz der ungeheuren Energiemengen, die er aus winzigsten Massen freisetzt, nicht ewig existieren. In jedem Moment seines Lebens verändert er sich. Die wesentlichste Veränderung besteht darin, daß im Zentrum des Sterns immer mehr Helium entsteht und immer weniger „Rohstoff" für die Fusion, nämlich Wasserstoff vorhanden ist. Man könnte meinen, die Lebensdauer eines Sterns berechnet sich aus seinem Vorrat und seinem Verlust an Wasserstoff durch die Fusion. Doch der langwährende stabile Zustand im Leben eines Sterns endet schon lange, bevor er all seine Wasserstoffvorräte aufgebraucht hat. Zunächst kommt es im Zentrum des Sterns, in dem sich praktisch nur noch Helium befindet, zu einer erneuten Zusammenziehung und somit zu einer Erhöhung der Temperatur. Dadurch wird es auch oberhalb des Heliumkerns so heiß, daß in einer kugelschalenförmigen Region die Fusion von Wasserstoff zu Helium fortschreiten kann. Da der Heliumkern immer weiter kontrahiert und die Zentraltemperatur folglich immer weiter steigt, entsteht weit mehr Energie als von der Oberfläche abgestrahlt werden kann. Wie ein selbstregulierendes System reagiert der Stern darauf jetzt mit der Ausdehnung seines Volumens. Diese Expansion verbraucht zum einen die freigesetzte Energie, sorgt aber zum anderen dafür, daß die enorm gestiegenen Energiemengen dank der jetzt viel größeren Oberfläche leichter abgestrahlt werden können. Die Oberflächentemperatur des Sterns geht gleichzeitig zurück und aus dem ehemals stabilen Stern wird jetzt ein sogenannter Roter Riese.
Dies alles wüßten wir nicht, wenn es nicht schnelle leistungsstarke Computer gäbe. Mit ihrer Hilfe sind wir nämlich in der Lage, den Zustand eines Sterns gleichsam von einem Moment zum anderen theoretisch zu verfolgen und damit auch die eintretenden Veränderungen zu erfassen. Die Resultate vergleichen wir dann mit den Beobachtungsdaten über die Sterne im Universum. So muß es z. B. einen Zusammenhang zwischen der Zahl von Sternen verschiedener Zustandsgrößen und der Dauer der verschiedenen Phasen im Leben eines Sterns geben. Entsprechen unsere Beobachtungen den Ergebnissen unserer Berechnungen, dürfen wir davon ausgehen,

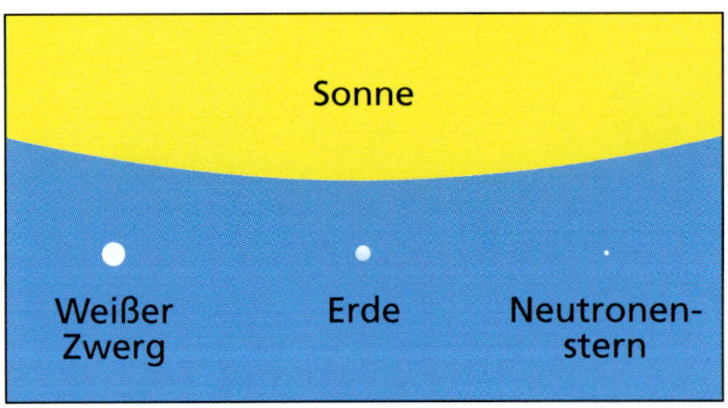

Größenvergleich zwischen Sonne, Weißem Zwerg, Erde und Neutronenstern

DIE DREI TODE DER STERNE

Nicht nur das Leben, auch das Sterben der Sterne vollzieht sich je nach ihrer Masse in sehr verschiedenartiger Form. Die Ursache für die Herausbildung der exotischen Endstadien liegt darin begründet, daß letztlich durch das Verlöschen der Energieproduktion im Sterninnern der Schweredruck die Oberhand gewinnt und die Materie auf unvorstellbare Dichten zusammenpreßt.

Bis zu einer Masse von etwa dem 1,4fachen der Sonnenmasse enden die Sterne dann als „Weiße Zwerge". Dabei handelt es sich um „ausgebrannte" Gaskugeln mit einer mittleren Dichte von bis zu 1000 kg/cm^3. Der Durchmesser liegt bei einigen tausend Kilometern, und das entspricht also typischen Planetendimensionen.

Sterne oberhalb von 1,4 Sonnenmassen bis zu etwa 2,4 Sonnenmassen enden als sogenannte Neutronensterne. Die Dichte dieser Objekte liegt bei bis zu 1 Milliarde Tonnen/cm^3. Das entspricht etwa der Dichte, die in den Kernen von Atomen herrscht. Die Durchmesser von Neutronensternen betragen etwa 10 km; diese Objekte bestehen fast nur noch aus Neutronen. Der Übergang zum Neutronenstern erfolgt in einem spektakulären Ereignis, dem sogenannten Supernova-Ausbruch. Der Stern explodiert mit einer Gewalt, die im gesamten sonstigen Sternenleben keinen Vergleich kennt. Seine Helligkeit steigt binnen kürzester Zeit auf das bis zu milliardenfache des Ausgangswertes. Große Mengen Materie werden in den Raum hinausgeschleudert. Bei einer solchen Explosion entstehen schlagartig auch noch schwerere Elemente, die mit den ausgeschleuderten Massen in den interstellaren Raum, d. h. den Bereich zwischen den Sternen gelangen. Im Zentrum bleibt der winzige Neutronenstern zurück, der sich als Pulsar bemerkbar macht: Entsprechend seiner Rotationsfrequenz sendet der Winzling in extrem genau definierten Zeitabständen Signale in verschiedenen Frequenzbereichen, gleichsam wie ein kosmisches Leuchtfeuer. So wurden die seit den dreißiger Jahren bereits theoretisch vorhergesagten Neutronensterne im Jahre 1967 übrigens auch entdeckt: In Cambridge (England) fand man mit Hilfe eines Radioteleskops rätselhafte Objekte, die in konstanten Abständen Signale abgaben. Man nannte sie Pulsare und argwöhnte bereits intelligente Lebewesen im Universum hinter der kosmischen Radiosendung, ehe man die richtige Erklärung fand.

Ist ein Stern am Ende seines Lebensweges noch massereicher als die Obergrenze für Neutronensterne, so entwickelt er sich vermutlich zu einem „Schwarzen Loch" (engl. black hole). Dann gibt es nämlich keinerlei uns bekannten Kräfte mehr, die den totalen Zusammenbruch der Masse stoppen könnten. Die Materie des Sterns verdichtet sich immer mehr, bis sein Durchmesser schließlich einen Grenzwert erreicht, bei dem die Schwerkraft an seiner Oberfläche so groß wird, daß nichts mehr diesem „Sog" der Schwere entkommen kann – auch keine Lichtstrahlen. Diesen Radius, der von der Masse des Sterns abhängig ist, nennt man nach seinem Entdecker den Schwarzschild-Radius. Für einen Stern von der Masse unserer Sonne (die jedoch niemals ein Schwarzes Loch werden kann, sondern wegen ihrer Masse als Weißer Zwerg enden muß) beträgt der Schwarzschild-Radius 2,5 km. Doch der Stern bricht auch nach Erreichen des Schwarzschild-Radius immer weiter zusammen, bis er schließlich den Durchmesser „Null" und damit eine unendlich hohe Dichte erreicht hat. Die Physiker sprechen dann von einer Singularität, die mit Hilfe der uns bekannten physikalischen Gesetze nicht mehr beschrieben werden kann. Schwarze Löcher wurden im Universum bisher noch nicht ganz zweifelsfrei nachgewiesen. Allerdings gibt es einige Kandidaten von Doppelsternen, die uns zu der Vermutung berechtigen, daß eine der beiden Komponenten ein Schwarzes Loch ist.

daß wir die Prozesse in bestimmtem Umfang richtig verstanden haben.

Unterschiedliche Lebenserwartung

Der Verlauf eines Sternenlebens hängt entscheidend von der Masse des jeweiligen Objektes ab. Schon die Dauer der stabilen Phase eines Sternenlebens und damit die „Lebenserwartung" eines Sterns wird durch seine Masse bestimmt. Dabei gilt allgemein: Je massereicher ein Stern ist, desto kürzer dauert sein Leben. Ein Stern von der Masse unserer Sonne gewinnt seine Energie aus der Fusion von Wasserstoff zu Helium für die Dauer von etwa 10 Milliarden Jahren. Die massereichen Sterne hingegen erschöpfen ihre Vorräte schon nach einigen Millionen Jahren. Wir haben der Einfachheit halber bisher nur von der Fusion des leichtesten Elementes Wasserstoff zum schwereren Helium gesprochen. Bei der Energiefreisetzung in den Sternen spielen jedoch auch noch ganz andere Vorgänge eine Rolle. Insbesondere kommt es nach dem Aufbau von Helium zusätzlich zu „Brennprozessen" – das sind Fusionsvorgänge –, bei denen Elemente höherer Ordnungszahlen aufgebaut werden. Das schwerste auf diese Weise entstehende Element ist das Eisen. Dann endet das Sternenleben. Aus den einst stabilen strahlenden Gaskugeln werden Weiße Zwerge, Neutronensterne oder Schwarze Löcher (siehe „Die drei Tode der Sterne", auf der vorhergehenden Seite).

ENTFERNUNGEN

Der Blick zum Himmel verrät uns nichts über die gewaltigen Räume, die zwischen uns und den Sternen liegen. Der Himmel ist für das bloße Auge eine gewaltige Kugel, die wir von innen betrachten. Die Wirklichkeit sieht jedoch ganz anders aus.

Schon lange, ehe die physikalische Natur der Fixsterne bekannt war, verfolgte die Forschung die Frage nach der großräumigen Verteilung der Sterne im Raum. Eine der berühmtesten historischen Arbeiten, die diesem Problem gewidmet war, die „Allgemeine Naturgeschichte und Theorie des Himmels" (1755), stammt von Immanuel Kant. In dieser naturphilosophisch orientierten Schrift entwickelte der junge Kant ein Bild von der Anordnung der Sterne im Raum, das er besonders mit der Existenz des Milchstraßenbandes am Himmel begründete. Seit Galileis Tagen wußte man durch Fernrohrbeobachtungen, daß die Milchstraße aus Sternen besteht. Offensichtlich handelte es sich um sehr viele, aber recht weit entfernte Sterne, so daß ihr Erscheinungsbild zu einer milchigen Wolke zusammenfließt, die den ganzen Himmel umspannt. Kant zog daraus den Schluß,

daß die Gestalt des Himmels der Fixsterne keine andere Ursache habe, „als eben eine dergleichen systematische Verfassung im Großen, als der planetische Weltbau im Kleinen . . ., in dem alle Sonnen ein System ausmachen, dessen allgemeine Beziehungsfläche die Milchstraße ist". Doch diese Ansicht gründete sich nicht auf Messungen über die Entfernungen der Sterne, sondern auf recht allgemeine Überlegungen. Dieses Manko erkannte der Astronom F. W. Herschel gegen Ende des 18. Jahrhunderts und versuchte deshalb, auf der Grundlage von gezielten Beobachtungen ein Bild vom „Bau des Himmels" zu zeichnen.
Der naheliegendste Weg, dieses Ziel zu erreichen, hätte zweifellos darin bestanden, die Entfernung jedes einzelnen Sterns zu bestimmen und somit die Sternverteilung im Raum zu ermitteln.

Wie man Sternentfernungen bestimmt
Die Grundidee zur Bestimmung von Sterndistanzen geht von der Erkenntnis des Copernicus aus, daß die Erde sich um die Sonne bewegt und sich diese Bewegung in einer scheinbaren Verschiebung der Sternörter gegen den Himmelshintergrund widerspiegeln muß. Der größte Unterschied des Blickwinkels auf einen Stern von der Erde aus muß auftreten, wenn man ihn im zeitlichen Abstand von sechs Monaten beobachtet. In diesem Fall ist der ganze Erdbahndurchmesser nämlich die Basis der Messung. Man bezeichnet den halben Betrag dieses Winkels als Parallaxe. Aus einfachen Winkelrechnungen läßt sich dann die Entfernung des Sterns bestimmen. Doch so einfach diese Methode anmutet, so schwierig ist sie in der Praxis. Schon Copernicus selbst wußte, daß Parallaxen bei den Fixsternen auftreten müssen, wenn sich die Erde tatsächlich um die Sonne bewegt. Doch niemand konnte etwas von solchen Positionsverschiebungen der Sterne bemerken. Häufig wurde dieser Umstand von Anhängern des alten Weltsystems als Argument gegen die Bewegung der Erde angeführt. Doch schon Copernicus erwiderte: Die Sterne sind so weit entfernt, daß ihre Parallaxen unmeßbar klein bleiben. Damit sollte er recht behalten – bis auf eine Einschränkung: Es bedurfte ausgeklügelter Technik, wie sie im 16. Jahrhundert nicht zur Verfügung stand, um die extrem winzigen Beträge nicht allein zu messen, sondern sie auch noch von anderen überlagernden Faktoren zu befreien.
Erst gegen Ende der 40er Jahre des 19. Jahrhunderts gelang es drei Astronomen fast gleichzeitig, zum ersten Mal Fixsternentfernungen durch Messungen zu bestimmen. Der deutsche Astronom F. W. Bessel fand für einen lichtschwachen Stern im Sternbild Schwan eine Entfernung von 10,3 Lichtjahren – für damalige Vorstellungen eine geradezu schwindelerregende Distanz! Struve in Tartu (heute Dorpat in Estland) gab die Entfernung des hellen Sternes Wega im Sternbild Leier zu rund 13 Lichtjahren an, während Henderson in Südafrika einen der allernächsten Sterne überhaupt ins Visier bekam: den Hauptstern des Centauren, Toliman. Die Entfernung ergab sich zu knapp 4 Lichtjahren. Die Meßwerte waren durchweg annähernd richtig und wurden durch spätere Messungen nur noch geringfügig verbessert.

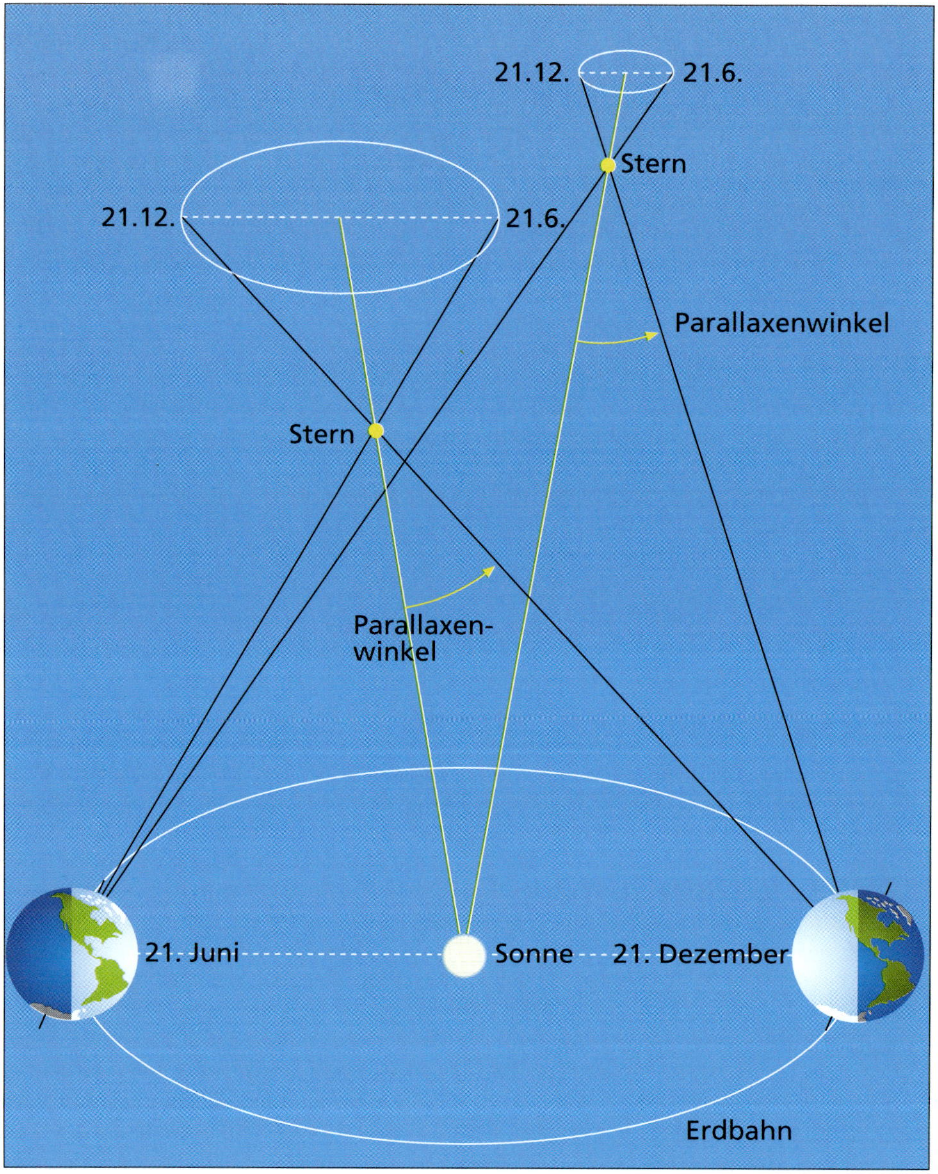

So entsteht eine Fixsternparallaxe: Je nach der Stellung der Erde in ihrer Bahn beobachten wir einen Stern unter verschiedenem Blickwinkel. Die Größe der Verschiebung hängt von der Entfernung des Sterns ab.

Nun wußte man endlich, daß Fixsternentfernungen sich tatsächlich bestimmen ließen und daß sich jenseits des Sonnensystems unvorstellbare kosmische Weiten eröffneten. Doch in die erfolgreiche Bilanz fiel ein Wermutstropfen: Es wurde rasch klar, daß die Parallaxen der Sterne auch künftig ein ernsthaftes Problem für die Astronomen darstellen würden. Je weiter die Sterne nämlich entfernt sind, desto winziger werden die Winkel, die es zu messen gilt. Parallaxen kleiner als etwa eine hundertstel Bogensekunde (entsprechend einer Entfernung von etwa 325 Lichtjahren) sind meßtechnisch mit erheblichen Fehlern behaftet. Mit anderen Worten: Parallaxenmessungen sind zwar die unentbehrliche Basis für die kosmische Entfernungsskala, führen aber selbst nicht sehr weit in das Universum hinaus. Außerdem sind die Messungen sehr aufwendig und langwierig. Selbst als es später unter Einsatz der Fotografie gelang, mit wesentlich weniger Aufwand tausende Parallaxen von Sternen zu bestimmen, änderte dies nichts an der grundsätzlich beschränkten Reichweite des Verfahrens.

Ein anderer Weg: die Leuchtkräfte

Obschon wir keinem Stern ansehen können, wie weit er von uns entfernt ist, verraten uns doch die Helligkeiten unter bestimmten Voraussetzungen die Distanzen der Sterne. Mit diesem Verfahren sind wahrhaft bahnbrechende Erkenntnisse gewonnen worden, auch ohne eine einzige Winkelmessung.

Kennt man die scheinbare Helligkeit eines Sterns und seine Entfernung, so kann man seine absolute Helligkeit auf einfache Weise berechnen. Wir erinnern uns, daß die absolute Helligkeit nichts anderes bedeutet, als die scheinbare Helligkeit in einer Einheitsentfernung. Umgekehrt gilt natürlich ebenso: Kennt man z. B. aus den Besonderheiten des Spektrums die absolute Helligkeit eines Sterns (d. h. seine Helligkeit in der Einheitsentfernung) und seine scheinbare Helligkeit, die sich ja leicht messen läßt, dann kann man die Entfernung des Sterns berechnen. Da in diesem Falle die Entfernungen nicht durch Winkelmessungen, sondern durch Helligkeitsbestimmungen (fotometrische Verfahren) ermittelt werden, spricht man von fotometrischen Parallaxen der Entfernungsbestimmung. Alle Hinweise, die wir auf irgendeine Art über die Leuchtkräfte oder absoluten Helligkeiten der Sterne erhalten können, liefern uns also auch Sternentfernungen. Natürlich benötigen wir zu diesem Zweck eine genügend große Anzahl möglichst genau bestimmter Parallaxen aus Winkelmessungen, um definitive Leuchtkräfte zur Verfügung zu haben und zu testen, durch welche Merkmale (z. B. im Sternspektrum) sich diese Leuchtkraft möglicherweise noch ermitteln läßt. So fand man z. B. heraus, daß die Linienstärke in den Sternspektren recht zuverlässige Aussagen über die Leuchtkraft eines Sterns gestattet.

Leuchtfeuer und Statistiken

Ein besonders eindrucksvolles Verfahren zur Leuchtkraftbestimmung, das uns später wegen seiner Bedeutung noch mehrfach begegnen wird, bieten bestimmte Typen veränderlicher Sterne, kurz „Veränderliche“ genannt. Im Leben der Sterne

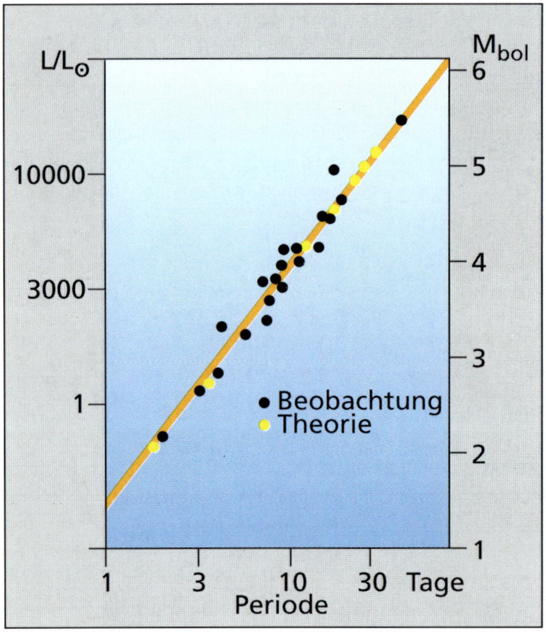

Der Zusammenhang zwischen der Periode des Lichtwechsels bestimmter veränderlicher Sterne und ihrer absoluten Helligkeit (M_{bol} bzw. $L/L_⊙$) weist uns den Weg zur Bestimmung der Entfernungen von Sternen.

gibt es Phasen, in denen einige Zustandsgrößen sich periodisch verändern. Am auffälligsten treten periodisch schwankende Helligkeiten in Erscheinung, die bei einer großen Gruppe von Objekten mit einem Pulsieren des ganzen Sterns verbunden sind. Der Stern bläht sich auf, zieht sich wieder zusammen, verändert dabei seine Oberfläche und seine Temperatur. Er verrät sich aus großer Distanz durch seine regelmäßigen Helligkeitsschwankungen.

Doch die Periode, mit der die Helligkeit wechselt, ist nicht willkürlich, sondern hängt direkt von der absoluten Helligkeit des Sterns ab. So kann man dem Rhythmus der Schwankung ansehen, welche absolute Helligkeit der Stern besitzt. Damit kennen wir dann auch die Entfernung des Objektes. Gelingt es uns nun, in sehr entfernten Sternansammlungen solche Veränderlichen zu entdecken und deren Lichtwechselperiode zu bestimmen, kennen wir auch die Distanz der gesamten Sternansammlung.

Dieses fotometrische Verfahren zur Entfernungsbestimmung gestattet es, wesentlich weiter messend in das Universum vorzudringen als durch die ursprünglichen Winkelmessungen. Doch für die Bestimmung der Sternverteilung in dem uns umgebenden Raum ist auch diese Methode nicht geeignet. Einerseits setzt der Einsatz der Methode voraus, daß auf jedes gewünschte Objekt ein geeignetes Verfahren angewendet werden kann. Andererseits wäre aber eine derartig große Zahl von Einzelentfernungen zu bestimmen, daß es geradezu aussichtslos ist, auf diese Weise den „Bau des Weltalls“ zu entschlüsseln.

Deshalb haben die Astronomen schon an der Wende zum 19. Jahrhundert einen methodisch ganz anderen Weg beschritten, indem sie statistische Verfahren ausarbeiteten.

Am Beginn dieser Entwicklung steht Friedrich Wilhelm Herschel, der ehemalige Musiker aus Hannover, der als Hobbyforscher den Planeten Uranus entdeckte und dadurch zum Berufsastronomen wurde. Zu Herschels Zeiten waren jedoch noch keine Sternentfernungen bekannt. Er ging deshalb zunächst von der Annahme aus, daß alle Sterne etwa die-

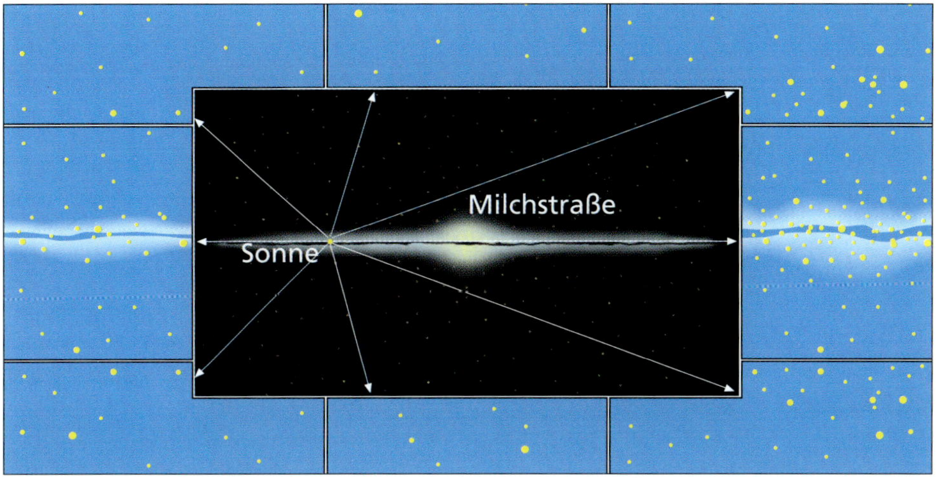

Schematischer Aufbau des Sternsystems: Die flache Anordnung der Sterne führt dazu, daß wir sehr viele Sterne erblicken, wenn wir in die Ebene des Systems schauen (Phänomen der Milchstraße), hingegen sehr wenige beim Blick in andere Himmelsgegenden.

selbe (absolute) Helligkeit besitzen. Dann können wir aus ihrer scheinbaren Helligkeit auf ihre Entfernungen schließen. Die lichtschwächeren Sterne müssen sich weiter entfernt befinden als die helleren. Herschel bezog all seine Vergleiche auf den hellsten Fixstern des Himmels, den Sirius im Sternbild Großer Hund, und nannte dessen Entfernung Siriusweite. Dann begann er mit einer mühseligen Zählarbeit. Im Gesichtsfeld seines Teleskops konnte er unzählige Sterne sehen. Er ordnete ihnen eine Helligkeit zu und zählte aus, wieviele Exemplare der verschiedenen Helligkeiten vorkommen. Da er auf diese Weise natürlich nicht den ganzen Himmel lückenlos inventarisieren konnte, beschränkte er sich auf einige tausend Gesichtsfelder seines Fernrohrs in ausgewählten Himmelsgegenden. Grundsätzlich konnte er durch die Zählungen das Bild bestätigen, das bereits Kant von der Verteilung der Sterne behauptet hatte: Die meisten Sterne befinden sich in einer relativ dünnen Schicht, nur wenige außerhalb davon.

An diese ersten Versuche der sogenannten Stellarstatistik knüpften später der holländische Forscher Kapteyn und der Deutsche Schwarzschild an. Allerdings ahnten sie alle nicht, daß sie nur einen winzigen Teil des Sternsystems ausgelotet hatten, weil es im Raum zwischen den Sternen ausgedehnte Materiewolken gibt, die das Licht der dahinter stehenden Sterne verschlucken und somit eine prinzipielle Sichtbehinderung darstellen. Erst der Amerikaner H. Shapley fand im Jahre 1918 einen Zugang zu den wirklichen Dimensionen des Sternsystems.

DIE ENTFERNUNGEN DER KUGELSTERNHAUFEN

Kugelförmige Anhäufungen von Sternen zählen zu den schönsten Objekten des Himmels. In kleinen Fernrohren erscheinen sie wie schwache Nebelflecke, doch Riesenteleskope enthüllen gewaltige Sterntrauben aus zehntausenden Mitgliedern.

Shapley wunderte sich über eine Merkwürdigkeit, die eigentlich schon längst auch jedem anderen Astronomen hätte auffallen können: Am Himmel gibt es haufenartige Ansammlungen von Sternen, die kugelförmige Gestalt besitzen. Wir nennen sie Kugelsternhaufen. Die Sterne sind in solchen Haufen sehr stark zum Zentrum hin konzentriert, so daß sie sich von anderen Sternansammlungen, etwa den sogenannten offenen Sternhaufen deutlich unterscheiden. Eines der bekanntesten Objekte dieser Spezies befindet sich im Sommersternbild Herkules, der Kugelsternhaufen M 13. Betrachtet man nun die Verteilung dieser Objekte am Firmament, so stellt man fest, daß ein Drittel aller Kugelhaufen sich im Sternbild Schütze befindet, die restlichen zwei Drittel stehen alle in der Nähe dieser Richtung. Shapley fragte sich, ob man nicht die Entfernungen dieser Objekte und somit ihre wirkliche räumliche Verteilung ermitteln könnte. Dabei kamen ihm jene veränderlichen Sterne zu Hilfe, bei denen ein Zusammenhang zwischen den Lichtwechselperioden und den absoluten Helligkeiten besteht.

In den Kugelsternhaufen fand Shapley nämlich zahlreiche solcher Objekte, und er gewann dadurch einen Zugang zur Erfassung ihrer Entfernungen. Das Ergebnis war überraschend: Sämtliche Kugelhaufen waren über ein riesiges Raumgebiet verteilt, das weit jenseits aller bisher erfaßten Dimensionen lag.

Doch ihre Anordnung war alles andere als ungleichmäßig. Die Kugelhaufen verteilten sich vielmehr über eine riesige Kugel mit einem Durchmesser von etwa 100 000 Lichtjahren. Das Zentrum dieser Kugel befand sich im Sternbild Schütze – genau da, wo ja auch die scheinbare Häufung der Kugelsternhaufen in Erscheinung trat. Was hatte dies zu bedeuten? Offensichtlich bildeten die Kugelsternhaufen so etwas wie ein gewaltiges Gerüst, an dem man die wahre Größe des Milchstraßensystems ablesen konnte. Zwar war die Anordnung der Sterne im Raum nicht kugelförmig – das wußte man bereits seit den Tagen Herschels. Aber die Größe des stark abgeplatteten Sternsystems hatte man offensichtlich bisher völlig verkannt. Nicht einige tausend Lichtjahre, sondern etwa 100 000 Lichtjahre betrug der Durchmesser des ganzen Systems.

Nun war klar, daß alle bis dahin unternommenen Versuche, die Struktur des Sternsystems zu entschlüsseln, ad acta gehörten. Man hatte offenbar einen wesentlichen Faktor unberücksichtigt gelassen, weil man ihn nicht gekannt hatte: Die Lichtverschluckung durch Materie zwischen den Sternen, das sogenannte interstellare Medium. Dessen Zusammensetzung ist heute bekannt: Es handelt sich um Wasserstoff, aber auch um Staubwolken und sogar um Materieansammlungen, in denen komplizierter gebaute Moleküle vorkommen. Immerhin besteht etwa ein Fünftel des gesamten Milchstraßensystems aus solchen Gas- und Staubmassen. Obwohl diese in extrem geringer Konzentration vorkommen, vermögen sie doch angesichts der enormen Dimensionen des Systems das Licht der Sterne so erheblich zu beeinträchtigen, daß ein völlig falsches Bild der Sternverteilung entsteht, wenn man die interstellare Materie nicht berücksichtigen würde.

Der Kugelsternhaufen 47 Tuc im Sternbild Tucan

BEWEGUNGEN KOMMEN INS SPIEL

Unsere Vorfahren erlebten den Sternhimmel nicht anders als wir. An der Stellung der Sterne zueinander hat sich nichts geändert. Doch wir sind auch diesmal das Opfer eines Trugbildes. In Wirklichkeit herrscht lebhaftes Treiben am Himmel . . .

Daß die Fixsterne („festgeheftete Sterne") ihren Namen zu Unrecht tragen, wußte man schon zu Beginn des 18. Jahrhunderts. Damals hatte der englische Astronom E. Halley nämlich herausgefunden, daß sich die Örter der Sterne gegenüber den alten Positionsangaben der Griechen merklich verändert hatten. Doch je mehr Material durch sorgfältige und immer genauere Positionsbeobachtungen angesammelt wurde, umso stärker rückte die Frage in den Vordergrund, ob es nicht vielleicht Gesetze dieser Bewegungen der Sterne gibt. Wenn z. B. die Bewegungen der Sterne selbst völlig regellos verteilt sind, wie spiegelt sich dann eine anzunehmende Bewegung der Sonne in den Sternbewegungen wider? Schon zum Ende des 18. Jahrhunderts konnte F. W. Herschel eine erste Antwort geben. Er fand einen Zielpunkt der Sonnenbewegung am Himmel. Dazu mußte man die sogenannten Eigenbewegungen der Sterne sehr genau kennen, d. h. man mußte ältere Sternpositionen mit neuen vergleichen.

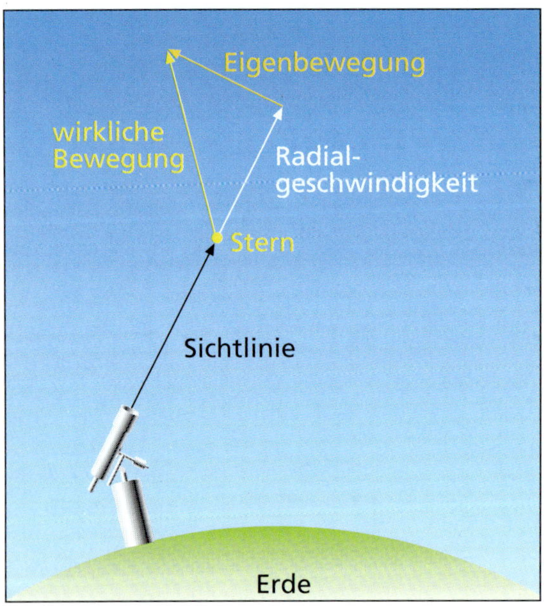

Die wirkliche Bewegung der Sterne im Raum ergibt sich für einen irdischen Beobachter als eine Kombination aus der Eigenbewegung und der Radialgeschwindigkeit.

Die Eigenbewegungen sind nun allerdings nicht dasselbe wie die wirklichen Bewegungen der Sterne im Raum, sondern nur eine Art Projektion dieser Bewegungen auf die Himmelssphäre. Die wirkliche Bewegung ergibt sich erst, wenn man die Eigenbewegungen mit einer senkrecht dazu verlaufenden Geschwindigkeitskomponente kombiniert, der sogenannten Radialgeschwindigkeit. Diese ist aber bedeutend schwieriger zu

Blick in die zentralen Gebiete des Milchstraßensystems im Bereich der Sternbilder Schütze und Skorpion

messen. Dazu braucht man die Spektren der Sterne (vgl. Kapitel „Wie Astronomen das Weltall erforschen").

Als man sich daran machte, solche Radialgeschwindigkeiten von sehr vielen Sternen zu erfassen, kam es zu einer neuen großen Überraschung. Der Betrag der Radialgeschwindigkeiten war keineswegs in jeder Richtung gleich groß, sondern es gab ein An- und Abschwellen mit der „Galaktischen Länge" – so etwas wie die geographische Länge des Sternsystems. Das konnte kein Zufall sein. Führende Forscher zogen den Schluß, daß es sich um die Auswirkungen einer Rotation des gesamten Sternsystems handeln muß. Doch dann müßte der Effekt einer „Längenabhängigkeit" in anderer Weise auch bei den Eigenbewegungen zu finden sein. Es dauerte nicht lange, bis sich dieser Verdacht bestätigte. Nun war es klar: Unsere Sonne ist das Mitglied eines gigantischen Systems, das sich in Rotation befindet.

Kommen wir auf die Verteilung der Materie im Sternsystem zurück. Mit dem Aufkommen der Radioastronomie tat sich eine großartige Möglichkeit auf, die Hürde der großen Distanzen zu überspringen. Während wir mit zunehmendem Abstand von der Sonne wegen der lichtverschluckenden Materie immer weniger Sterne sehen können, kann der im Sternsystem reichlich vorhandene neutrale Wasserstoff bis in ungeahnte Entfernungen nachgewiesen werden. Er sendet nämlich eine Radiostrahlung im Bereich von 21 Zentimeter Wellenlänge aus, und diese Strahlung durchdringt nahezu ungestört alle Hindernisse, die für die Lichtwellen unüberbrückbar sind. Sie kann von Radioteleskopen empfangen werden. Doch wie ordnet man der jeweils empfangenen Radiostrahlung eine Entfernung zu und was hat die Verteilung des Wasserstoffs überhaupt mit der Struktur des Sternsystems zu tun? Zunächst zur letzten der beiden Fragen: Zu Recht hatten die Forscher vermutet, daß die Verteilung des Wasserstoffs gleichsam eine Art Indikator für die Anordnung der jungen und leuchtkräftigen Sterne darstellt. Findet man die Verteilung des Wasserstoffs, hat man auch die großräumige Verteilung der Sterne selbst in solchen entfernten Gegenden des Systems, in dem gar keine Sterne mehr nachgewiesen werden können. Geht man nun davon aus – wie es die systematischen Eigenbewegungen und Radialgeschwindigkeiten der Sterne gelehrt hatten –, daß sich das gesamte System in Rotation befindet, führt dies letztlich zu den gesuchten Entfernungen. Ein Modell der Rotation des Sternsystems ordnet nämlich jedem Punkt eine bestimmte Rotationsgeschwindigkeit zu. Aus der 21-cm-Strahlung läßt sich diese Geschwindigkeit messen und somit eine Distanz angeben.

So entstand das heutige Bild des Milchstraßensystems im Ergebnis langwieriger Forschungen und scharfsinniger Deutungen des Beobachtungsmaterials. Hilfe kam allerdings noch aus ganz anderer Richtung: Im Universum hatte man nämlich inzwischen noch zahlreiche weitere Sternsysteme gefunden (vgl. Kapitel „Welteninseln"). Ihre bloße Betrachtung aus großem Abstand enthüllte uns auf direktem Wege ihre Struktur und was man über das eigene Sternsystem nicht direkt erfahren konnte, durfte aus dem Vergleich mit anderen Systemen vermutet und ergänzt werden.

DAS MODERNE BILD UNSERES STERNSYSTEMS

Das Milchstraßensystem ist ein spiralförmiges, stark abgeplattetes Gebilde aus Sternen, Gas und Staub. Das bekannte Phänomen des den ganzen Himmel umspannenden Milchstraßenbandes ist eine Folge der Struktur dieses Sternsystems und unserer Position innerhalb des Systems.

Das Milchstraßensystem würde im seitlichen Anblick etwa das Bild eines flachen Diskus bieten, während die Spiralstruktur im Draufblick sichtbar wird (siehe Grafik, S. 130). Die Abplattung, d. h., das Verhältnis von Dicke zu Durchmesser beträgt etwa 1:6. Der Durchmesser des Systems beläuft sich auf mindestens 100 000 Lichtjahre, die Gesamtmasse auf etwa 200 Milliarden Sonnenmassen. Da man die Sonnen nicht einzeln zählen kann und sie im allgemeinen eine von unserer Sonne verschiedene Masse besitzen, ist damit noch nichts über die Zahl der Sterne des Milchstraßensystems ausgesagt. Sie liegt gewiß unter 200 Milliarden, aber mindestens bei 100 Milliarden. Unsere Sonne bewegt sich in einem der Spiralarme des Systems rund 28 000 Lichtjahre vom Zentrum entfernt. Der Abstand von der Milchstraßenebene beträgt hingegen nur 45 Lichtjahre.

Die Spiralstruktur des Milchstraßensystems ist bis heute noch keineswegs in allen Einzelheiten erkannt. Deutlich werden jedoch vier Spiralarme unterschieden, die nach den Sternbildern bezeichnet sind, in deren Richtung sie – von der Erde aus gesehen – verlaufen: der Cygnus-Arm, der Carina-Arm, der Perseus-Arm und der Orion-Arm. Unsere Sonne gehört zu den Sternen des Orion-Armes (siehe Grafik, S. 131).

Die Materie des Sternsystems kommt in vielgestaltigen Erscheinungsformen vor. Die wichtigsten Objekte und Objektgruppen sind: die offenen Sternhaufen, die Sternassoziationen, die Kugelsternhau-

UNSER STERNSYSTEM, DIE MILCHSTRASSE

Masse	ca. 200 Milliarden Sonnenmassen
Alter	ca. 15 Milliarden Jahre
Zahl der Sterne	ca. 100 Milliarden
Durchmesser der Scheibe	100 000 Lichtjahre
Dicke der Scheibe in der Nähe der Sonne	700 Lichtjahre
Entfernung der Sonne vom Zentrum	28 000 Lichtjahre
Sonnenabstand von der galaktischen Ebene	45 Lichtjahre
Geschwindigkeit der Sonne	217 km/s

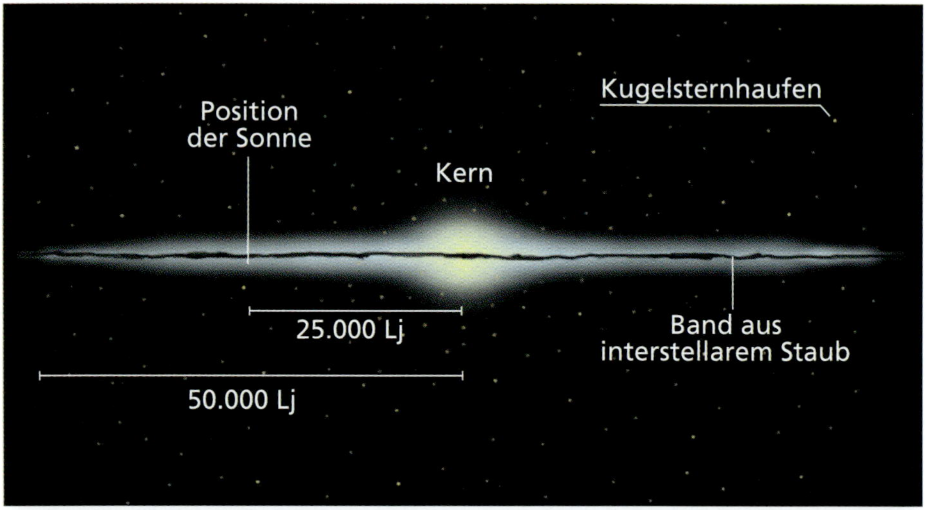
Kugelsternhaufen
Position der Sonne
Kern
25.000 Lj
Band aus interstellarem Staub
50.000 Lj

Position der Sonne
Kern
Spiralarme

fen, die Sternpopulationen sowie die verschiedenen Erscheinungsformen der Materie zwischen den Sternen, der sogenannten interstellaren Materie. Diese Strukturelemente des Sternsystems und deren räumliche Verteilung verraten uns viel über die Vorgänge in unserer Galaxis, über die Lebensgeschichten ihrer „Bewohner", d. h. der Sterne, und das Wesen des Systems überhaupt.
Die offenen Sternhaufen kommen im Sternsystem recht zahlreich vor. Einige dieser Haufen zählen für jeden Freund des gestirnten Himmels zu den schönsten Beobachtungsobjekten. Wer hätte noch nie etwas vom Siebengestirn (Plejaden) gehört oder der „Krippe" im Krebs? Die offenen Sternhaufen geben sich schon äußerlich als zusammengehörige Gruppen von Sternen zu erkennen und bestehen aus einigen wenigen bis zu 1000 einzelnen Sternen. Innerhalb des Sternsystems befinden sich die offenen Sternhaufen durchweg in der Ebene der Milchstraße. Ihre Zahl wird auf etwa 15 000 geschätzt. Für die Forschung sind offene Haufen von ausgesprochenem Interesse. Erinnern wir uns nun an die Lebensgeschichten der Sterne. Bei der Entstehung der Sterne in Haufen werden Sterne ganz unterschiedlicher Massen „geboren". Doch die Lebenswege dieser Sterne sind wegen ihrer verschiedenen Massen sehr unterschiedlich. Da die Sterne der offenen Sternhaufen dereinst gleichzeitig entstanden sind, bieten sie uns Gelegenheit, den Einfluß der Massen

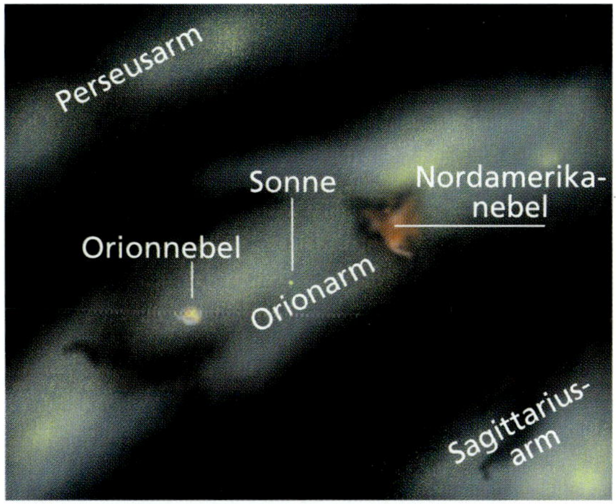

Das sind die Spiralarme unseres Sternsystems, die wir aus Beobachtungen kennen.

auf ihre Biographie zu verfolgen. Jeder Mitgliedsstern durchläuft nämlich – unabhängig von seiner Masse – die Phase der stabilen Energiefreisetzung. Doch die massereichen Mitglieder haben nur eine vergleichsweise kurze zeitliche Spanne zur Verfügung, die massearmen eine viel längere. Die offenen Sternhaufen enthalten folglich für die Astronomen das Beweismaterial für ihre Theorien der Sternentwicklung. Eine gewisse Verwandtschaft zu den offenen Sternhaufen lassen die Sternassoziationen erkennen. Ihre Mitglieder – es können einige hundert sein – sind alle auch äußerlich miteinander verwandt. So besitzen sie z. B. alle annähernd dieselbe Spektralklasse. Die bekannten Assoziationen sehr heißer

Linke Seite: schematische Darstellung unseres Sternsystems mit der Position unserer Sonne auf einem seitlichen Spiralarm unweit der Hauptebene des Systems (Seitenanblick und Draufblick)

Der offene Sternhaufen Plejaden (Siebengestirn)

und junger Sterne befinden sich ausnahmslos in der Ebene der Milchstraße. Sie markieren die Spiralarme und stehen oft in direkter Verbindung zu den Gebieten der Sternentstehung.

Neben den offenen Sternhaufen beobachten wir die bereits erwähnten Kugelhaufen, die das gesamte Milchstraßensystem in einem riesigen kugelförmigen Halo umgeben. Sie unterscheiden sich jedoch nicht nur in ihrer räumlichen Verteilung, sondern auch in ihrem Aufbau wesentlich von den offenen Haufen. Sie enthalten mindestens einige zehntausend Sterne, können jedoch durchaus auch aus einigen Millionen heißen Gaskugeln bestehen.

Die Untersuchung der Mitglieder von Kugelhaufen läßt noch einen weiteren wesentlichen Unterschied zu den offenen Haufen und zu den Assoziationen deutlich werden: Die meisten Sterne der Kugelhaufen sind nämlich Rote Riesen oder Veränderliche. Gerade letztere haben den Astronomen die Möglichkeit eröffnet, die Entfernungen der Kugelhaufen zu erkennen. Die Roten Riesen sind ein deutlicher Hinweis darauf, daß die Kugelhaufen sehr alte Objekte sein müssen. Denn zum Roten Riesen werden die Sterne erst dann, wenn sie die stabile Phase ihres Sternenlebens hinter sich haben. Das kann aber bei masseärmeren Sternen (Masse unserer Sonne und weniger) mehr als 10 Milliarden Jahre dauern. Die Kugelsternhaufen gehören also zweifellos zu den ältesten Objekten unseres Sternsystems.

Ein anderer Befund bekräftigt diese Erkenntnis: In den Sternen der Kugelhaufen lassen sich kaum schwere Elemente nachweisen – typisch für Objekte der „ersten Generation“ (vgl. Kapitel „Lebensgeschichten“). Sie entstanden aus Wasserstoff und Helium. Die Kugelsternhaufen bewegen sich um das Zentrum unserer Galaxis, benötigen allerdings Millionen von Jahren für einen vollen Umlauf auf ihren exzentrischen Bahnen. Dabei durchkreuzen sie auch zweimal die galaktische Ebene. Es ist interessant, daß es dabei trotzdem nach unserer Kenntnis zu keinerlei Kollisionen kommt. Die Abstände der Sterne in der galaktischen Scheibe ebenso wie die Distanzen der Objekte in den Kugelhaufen sind so groß, daß Katastrophen nahezu ausgeschlossen sind. Statt dessen geschieht aber etwas anderes: die in den Kugelhaufen enthaltenen Gasmassen werden beim Durchkreuzen der Scheibe nach und nach an diese abgegeben. Somit fehlt in den Kugelhau-

MODERNE ENTFERNUNGSBESTIMMUNGEN MIT HIPPARCOS

Alle früher bestimmten Sternentfernungen sind in unseren Tagen nur noch bedingt zu verwenden, seit der Astronomiesatellit Hipparcos nach einem vierjährigen Meßprogramm eine wahre Revolution in der Kenntnis von Sternpositionen und Parallaxen herbeigeführt hat. Der Name des Satelliten ist aus **H**igh **P**recision **Par**allax **Co**llecting **S**atellite zusammengesetzt (ein sogenanntes Akronym), erinnert aber gleichzeitig an den bedeutenden griechischen antiken Astronomen Hipparch (Hipparcos), der den ersten bedeutenden Sternkatalog der Geschichte zusammengestellt hat. Der inzwischen abgeschaltete Satellit wurde von der Europäischen Raumfahrtagentur ESA betrieben.

Ein erster aus den Daten des Satelliten zusammengestellter Katalog enthält 118 000 Parallaxen – 15mal so viele wie bis dahin bekannt. Entscheidend ist jedoch, daß diese Parallaxen viel genauer sind, als die bisherigen erdgebundenen. Während es von diesen z. B. nur knapp 2000 Werte mit einer Unsicherheit unter 20 % gibt, brachte Hipparcos 20mal soviele zustande. Die Zahl der Parallaxen mit einer größeren Genauigkeit als 5 % beträgt 4000! Die Bedeutung dieser Ergebnisse ist kaum zu überschätzen, denn durch die wesentlich gesteigerte Genauigkeit kann nun ein bedeutend größerer Raumbereich überschaut werden. Damit sind nicht nur einfach mehr Sterne, sondern vor allem eine größere Typenvielfalt erfaßbar.

Nunmehr kennen wir 15mal so viele Sternparallaxen wie zuvor und die Genauigkeitssteigerung beträgt fast eine Größenordnung (Faktor 7). Die Bedeutung der Resultate wird erst in vollem Umfang sichtbar werden, wenn die Daten in einigen Jahren ausgewertet sind.

Schon jetzt planen die ESA-Wissenschaftler im Rahmen von „Horizont 2000 plus“ ein Projekt GAIA (**G**lobal **A**stronomic **I**nterferometer for **A**strophysics). Damit sollen tausendmal soviele Parallaxen noch hundertmal genauer gemessen werden als mit HIPPARCOS. Der frühest mögliche Starttermin liegt allerdings erst im Jahre 2012.

Die große Magellansche Wolke am südlichen Sternhimmel

DIE MAGELLANSCHEN WOLKEN

Bei einer Reise in südliche Gefilde unseres Planeten können wir am Sternhimmel zwei diffuse unregelmäßige Nebel erspähen, die sich unweit des Himmelssüdpols befinden: die Magellanschen Wolken. Bei den Magellanschen Wolken handelt es sich um zwei kleine Sternsysteme, die als Satelliten unseres Milchstraßensystems gelten können. Während sich die Große Magellansche Wolke (LMC – Large Magellanic Cloud) im Sternbild Doradus (Schwertfisch) befindet, steht die Kleine Wolke (SMC – Small Magellanic Cloud) im Sternbild Tucana (Tukan). Die Entfernungen der beiden Sternsysteme von uns betragen etwa 160 000 Lichtjahre. In der Literatur werden die beiden Wolken erstmals 1521 von dem portugiesischen Weltumsegler Magellan beschrieben, worauf auch ihr Name zurückgeht.

Die Große Magellansche Wolke umfaßt etwa 6 Milliarden Sonnenmassen, die Kleine nur 1,5 Milliarden. Auffallend ist, daß sich in den beiden Objekten hauptsächlich Sterne befinden, die extrem jung und heiß sind. Beobachtungen im Bereich der Radiostrahlung haben gezeigt, daß die beiden kleinen Sternsysteme in eine gemeinsame Gashülle eingebettet sind. Auch zwischen unserem Milchstraßensystem und den Magellanschen Wolken gibt es gasförmige Materiebrücken, die auf ursprüngliche Verbindungen der drei Systeme hindeuten.

DUNKLE MATERIE

Die Besonderheit des Rotationsverhaltens unseres Sternsystems hat die Astronomen zu der Hypothese geführt, daß sich innerhalb der Galaxie noch eine beträchtliche Masse verbergen muß, die sich nicht durch elektromagnetische Strahlung in irgendeinem Wellenlängenbereich bemerkbar macht. Man nennt sie den „dunklen Halo" des Milchstraßensystems. Aus dem Bewegungsverhalten des Sternsystems müssen wir schließen, daß sich diese geheimnisvolle Materie bis in Regionen weit jenseits der Gebiete erstreckt, aus denen uns „Lichtbotschaften" oder solche in anderen Wellenlängenbereichen der Strahlung erreichen. Die größte Überraschung ergibt sich, wenn man die Masse dieser unsichtbaren Materiekomponente abschätzt: Allein innerhalb des sichtbaren Teils unseres Milchstraßensystems sollte die Hälfte der Gesamtmasse von dieser dunklen Materie herrühren. Bezieht man größere Raumbereiche außerhalb des sichtbaren Teils des Milchstraßensystems ein, wird der Anteil der Dunkelmaterie noch erheblich größer: Er könnte sogar das zehnfache der Masse der leuchtenden Materie ausmachen! Niemand vermag zu sagen, welcher Natur diese mysteriöse Materieart sein könnte. Daß es sie tatsächlich geben muß, daran besteht jedoch kaum ein Zweifel. Da wir die Spuren dieser unsichtbaren und nur anhand ihrer Anziehungskraft nachweisbaren Materie auch außerhalb unseres eigenen Sternsystems finden, hat dieser Umstand größte Bedeutung für die Interpretation der Zukunft des Weltalls (vgl. dazu Kapitel „Biographie des Universums").

fen das Baumaterial für neue Sterne. Das Schicksal der Kugelsternhaufen steht also fest: Sie werden eines fernen Tages nur noch aus „toten" Sternen bestehen. Ihre Lebenserwartung ist also begrenzt – Erneuerung im Kreislauf von Tod und Geburt findet kaum statt. In unserem Sternsystem sind definitiv rund 120 Kugelsternhaufen bekannt. Die Zahl der tatsächlich vorhandenen Objekte dieser Art könnte aber wesentlich größer sein. Schätzungen besagen, daß es möglicherweise mehr als 1 000 Kugelsternhaufen im Milchstraßensystem gibt.

Der Raum zwischen den Sternen ist keineswegs leer. Hier finden wir vielmehr die interstellare Materie, diffuse Ansammlungen aus Gas und Staub in so geringer Konzentration, daß der irdische Laborphysiker durchaus von einem Vakuum sprechen würde. Ungeachtet der extrem geringen Konzentrationen bietet sich die Materie zwischen den Sternen bereits dem bloßen Auge am nächtlichen Himmel dar. Wir erspähen sie als Gasnebel, die durch die energiereiche Strahlung benachbarter Sterne zum Leuchten angeregt werden, aber auch als staubförmige Nebel, die im reflektierten Licht von Sternen strahlen. Ausgedehnte Wolken von Gas und Staub treten jedoch auch weit entfernt von jedem Sternenlicht in Erscheinung, indem sie das Licht dahinter liegender Sonnen verdunkeln oder vollständig verschlucken. Aufnahmen mit Hilfe großer Teleskope enthüllen uns hier eine wahrhaft phantastische Welt der Formen und Farben. Die interstellare Materie, unabhängig davon, ob es sich um reine Gasansammlungen oder Staubformationen handelt, ist fast stets in Wolken angeordnet und recht unregelmäßig verteilt. In den Zentren heller Gasnebel können sich durchaus einige zehntausend Wasserstoffatome, mitunter sogar rund 100 Millionen je Kubikzentimeter befinden. In der Umgebung unserer Sonne beträgt die mittlere Dichte nur etwa 0,1 Wasserstoffatom je Kubikzentimeter. In den Bereichen zwischen den Spiralarmen liegt sie noch eine Größenordnung darunter. Hauptbestandteil des Gases ist Wasserstoff, Helium ist nur zu ungefähr 20 % vertreten, andere Elemente im Bereich weniger Prozent. Der interstellare Staub besteht aus winzigen Teilchen von einigen 1/10 000 mm Durchmesser. Silikat, Graphit, Wassereis und Kohlenstoffverbindungen mit Silicium kommen vor.

Das Sternsystem befindet sich in Rotation. Allerdings sind die Bewegungsverhältnisse recht kompliziert und folgen nicht einfach den Keplerschen Gesetzen wie die Planeten in unserem Sonnensystem. Dann müßten sich die Objekte nämlich um so langsamer bewegen, je weiter entfernt sie sich vom Zentrum befinden. Im Milchstraßensystem erfolgt die Bewegung jedoch unmittelbar im zentralen Gebiet wie bei einem starren Körper: Die inneren Teile rotieren langsamer, die äußeren schneller. Dann nimmt die Geschwindigkeit zu, bis sie in etwa 20 000 Lichtjahren Entfernung vom Zentrum mit 225 km/s einen maximalen Wert erreicht. Jetzt erfolgt nach außen eine allerdings recht langsame Abnahme der Geschwindigkeiten. Ein Umlauf unserer Sonne um das Zentrum des Milchstraßensystems dauert rund 200 Millionen Jahre.

Vieles an unserem Sternsystem ist bis heute rätselhaft geblieben. Komplizierte Theorien erklären die Aufrechterhaltung der Spiralstruktur trotz Rotation. Ob es im Zentrum des Systems ein Schwarzes Loch gibt, das vielleicht – wie einige Autoren annehmen – eine Million Sonnenmassen auf sich vereinigt, das ist noch ungeklärt.

WELTENINSELN

DER ANDROMEDA-NEBEL

Wie weit können wir mit dem bloßen Auge in die Tiefen des Universums schauen? Kaum glaublich, aber wahr: knapp 3 Millionen Lichtjahre! So weit ist nämlich der Andromeda-Nebel von uns entfernt, der in einer sternklaren Nacht ohne Schwierigkeiten als ein verwaschenes Nebelfleckchen zu erkennen ist.

Der Andromeda-Nebel im Herbststernbild Andromeda ist von alters her bekannt. Über die Natur dieses Nebelfleckchens gab es jedoch nur Spekulationen. Allerdings kam Immanuel Kant bereits um die Mitte des 18. Jahrhunderts der Wahrheit recht nahe, als er die Mutmaßung aussprach, es handele sich dabei um ein Gebilde ähnlich unserem eigenen Sternsystem (der Milchstraße), nur weit außerhalb davon gelegen. Je besser jedoch die Forschungsmethoden wurden, um so weiter ist man paradoxerweise von dieser Hypothese wieder abgerückt. So glaubte z. B. der britische Astrophysiker W. Huggins gegen Ende des 19. Jahrhunderts, wir hätten hier ein entferntes Planetensystem vor uns, das gerade in der Entstehung begriffen sei. Auch wurde von vielen namhaften Astrophysikern energisch bestritten, daß es außerhalb des Milchstraßensystems überhaupt noch etwas gebe. Das Sternsystem wurde als das Universum schlechthin betrachtet. Selbst als der Potsdamer Astrophysiker J. Scheiner den Nachweis erbrachte, daß

Das 2,5-m-Hooker-Spiegelteleskop des Mount-Wilson-Observatoriums (USA)

viele „Nebel“, darunter auch jener im Sternbild Andromeda, dasselbe Spektrum aufweisen, wie die Fixsterne, bedeutete auch dies noch immer keinen Durchbruch. Im Jahre 1907 wurde sogar eine „wissenschaftliche Entfernungsangabe“ für den Andromeda-Nebel veröffentlicht: Das Gebilde sollte 20 Lichtjahre weit im Raum schweben. Die tatsächliche räumliche Stellung des Objektes wurde erst durch den Einsatz völlig neuartiger technischer Hilfsmittel entschlüsselt.

Im Jahre 1919 ging auf dem Mount Wilson in den USA ein Spiegelteleskop von bis dahin unbekannter Dimension in Betrieb, das bis heute den Namen jenes Geschäftsmannes trägt, der es finanziert hat: der Hooker-Spiegel. Das Instrument verfügte über einen Spiegeldurchmesser von 2,5 Meter – es war das leistungsstärkste Beobachtungsinstrument der Astronomie seiner Zeit. Mit diesem Riesenteleskop fotografierte der damals 30jährige E. P. Hubble u. a. auch zwei klassische Nebel aus dem Katalog von Messier. Die Katalogbezeichnungen lauteten M 31 (Andromeda-Nebel) und M 33 (Dreieck-Nebel). Nun geschah, was zuvor wegen der geringeren Leistungsstärke der Teleskope nicht möglich war: Die Randpartien des Andromeda-Nebels zeigten sich auf der Fotoplatte in Einzelsterne aufgelöst. Das war der anschauliche Beweis, daß es sich bei M 31 um ein aus Sternen bestehendes Gebilde handelt. Doch mehr noch: In den Randpartien des Nebels zeigten sich – wie der Vergleich mehrerer Platten ergab – auch veränderliche Sterne vom Typ Delta Cephei. Das waren nun gerade Sterne von jener Sorte, bei denen ein Zusammenhang zwischen den absoluten Helligkeiten und dem Rhythmus ihres Lichtwechsels besteht. Somit ergab sich für Hubble die sensationelle Möglichkeit, aus der Bestimmung des Lichtwechsels die wirklichen Helligkeiten dieser Sterne abzuleiten und im Vergleich mit den scheinbaren Helligkeiten auf die Entfernung zu schließen. Es ergab sich die unvorstellbare Distanz von rund 800 000 Lichtjahren! Später erwies sich der Wert jedoch als beträchtlich zu klein; das ist ein Umstand, der dem noch eingeschränkten Wissen über veränderliche Sterne zuzuschreiben war. Jedenfalls zeigte bereits das erste Resultat von Hubble, daß sich M 31 weit außerhalb des eigenen Sternsystems befinden mußte. Hubble setzte seine Forschungen fort und konnte innerhalb weniger Jahre über hundert weiterer extragalaktischer Sternsysteme nachweisen. Rasch zeigte sich, daß die anderen Objekte noch viel größere Entfernungen aufwiesen als der Andromeda-Nebel. Hubble war somit zum Begründer eines neuen Forschungszweiges geworden, der extragalaktischen Astronomie, die bald für das Weltverständnis überhaupt größte Bedeutung erlangen sollte.

Auf gute Nachbarschaft

Der Andromeda-Nebel (M 31) ist die Nachbargalaxie unseres Milchstraßensystems. Er ist unserem Sternsystem in vieler Hinsicht ähnlich. So finden wir dort z. B. dieselben Typen astronomischer Objekte, die wir aus unserem eigenen Sternsystem kennen: Kugelsternhaufen, offene Sternhaufen, Sternassoziationen ebenso wie Riesensterne, Veränderliche sowie helle und dunkle interstellare Materie.

Unser Nachbarsternsystem – der Andromeda-Nebel (M31)

Der Durchmesser des Nebels beträgt etwa 150 000 Lichtjahre, die Masse rund 300 Milliarden Sonnenmassen. Der Andromeda-Nebel ist ein typisch spiralförmiges Sternsystem, das wir von der Beobachtungsplattform Erde aus allerdings nicht im Draufblick, sondern unter einem Winkel von etwa 75° betrachten. Die Spiralarme werden vor allem durch ionisierten Wasserstoff gebildet. Dort finden wir auch extrem junge, helle und heiße Sterne, helle Riesensterne und Sternassoziationen. Der unregelmäßige Helligkeitsverlauf in den Spiralarmen läßt erkennen, daß dort auch dunkle, lichtabsorbierende Materie angesiedelt ist, deren Vorkommen sich auf die Hauptebene des Sternsystems beschränkt. Die Kugelsternhaufen hingegen umgeben das System in einem großen Halo, zeigen also keine Bindung an die Spiralarme und kommen auch in großen Abständen von der Hauptebene vor. Ein sehr kleiner dichter Kern, der nur etwa 50 Lichtjahre Durchmesser besitzt und nicht in Einzelsterne aufgelöst werden kann, könnte ein überdimensionaler Kugelsternhaufen sein, in dem eine enorme Sterndichte vorherrscht. Der Andromeda-Nebel befindet sich in Rotation. Aus Dopplermessungen wissen wir, daß die Rotationsgeschwindigkeit am Rande des inneren Kerns rund 90 km/s beträgt, dann etwas abnimmt, jedoch in etwa 2 000 Lichtjahren Zentrumsentfernung auf 100 km/s anwächst. Dann sinkt sie wieder, steigt jedoch auf einen Maximalwert von etwa 300 km/s in ungefähr 40 000 Lichtjahren vom Zentrum. Anschließend erfolgt eine langsame Abnahme. Von Bewegungsverhältnissen, wie man sie den Keplerschen Gesetzen entsprechend erwarten würde, kann auch hier keine Rede sein. Die Ursache dürfte ebenfalls in der ominösen dunklen Materie liegen, die sich durch nichts als ihre Gravitationswirkung bemerkbar macht.

In unmittelbarer räumlicher Nachbarschaft des Andromeda-Nebels befinden sich zwei kleine Begleitsysteme von elliptischem Aussehen. Einer der beiden ist schon im Nebelkatalog von Messier unter der Nummer 32 verzeichnet (M 32), der andere trägt die Katalogbezeichnung des „New General Catalogue“ Nr. 205 (NGC 205).

GALAXIEN OHNE ENDE

Der Andromeda-Nebel ist neben den beiden Begleitern unseres Milchstraßensystems, den Magellanschen Wolken, das einzige Objekt des tiefen Weltraumes, das wir ohne technische Hilfsmittel mit unseren bloßen Augen sehen können. Die Wunderwelt der fernen Galaxien erschließt sich erst dank großer Teleskope und lichtsammelnder technischer Verfahren.

Durch die Feststellung von Hubble, daß sehr viele der sogenannten Nebel in Wirklichkeit Sternsysteme sind, ergab sich ein bis dahin unbekanntes Forschungsfeld: die Welt der Galaxien. Wie fast stets in solchen Fällen, so versuchte man auch diesmal, zunächst Ordnung in die Vielfalt der Erscheinungsformen zu bringen. Die „Nebel", die Hubble in Einzelsterne auflöste, waren nämlich durchaus nicht alle von spiralförmiger Gestalt. Vielmehr boten sich die unterschiedlichsten Erscheinungsformen bis hin zu völlig irregulär aussehenden Gebilden.

In seiner Originalarbeit aus dem Jahre 1926 unterschied Hubble drei morphologische Grundtypen: die elliptischen, die spiralförmigen und die irregulären Systeme. Für die Zuordnung zu einer dieser Klassen war einfach das äußere Erscheinungsbild maßgebend. Die elliptischen Systeme wurden zusätzlich entsprechend dem Achsenverhältnis in sieben Untergruppen geteilt, die Spiralnebel in die normalen und die Balkenspiralen.

Von Beginn an war Hubble der Überzeugung, daß sich hinter den verschiedenen äußeren Formen mehr verbirgt als nur die Vorliebe der Natur für Gestaltungsvielfalt. Hubble sah darin vielmehr eine Art Entwicklungssequenz. Später wurde aus diesem ersten Ansatz ein wichtiges Spezialgebiet der Galaxienforschung. Zunächst aber hielten viele Fachkollegen Hubbles Schlußfolgerungen für übereilt; sie mißtrauten den Methoden der Entfernungsbestimmung und verhielten sich folglich abwartend bis ablehnend. Doch dies ist ein durchaus normaler Vorgang bei der Herausbildung neuartiger wissenschaftlicher Erkenntnisse. Der Widerstand der wissenschaftlichen Gemeinschaft hat sogar eine äußerst befruchtende Wirkung: Er zwingt nämlich die Befürworter des Neuen, alle Argumente zugunsten ihrer Hypothese lückenlos

EINIGE EIGENSCHAFTEN VON GALAXIEN

Art der Galaxien	Masse in Sonnenmassen	Anteil an den Galaxien in %	Absolute Helligkeit in Größenklassen
Spiralsysteme	10^{10}-10^{12}	83	–18 bis –21
Elliptische Systeme	10^{6}-10^{13}	14	–10 bis –22
Irreguläre Systeme	10^{9}-10^{11}	3	–15 bis –19

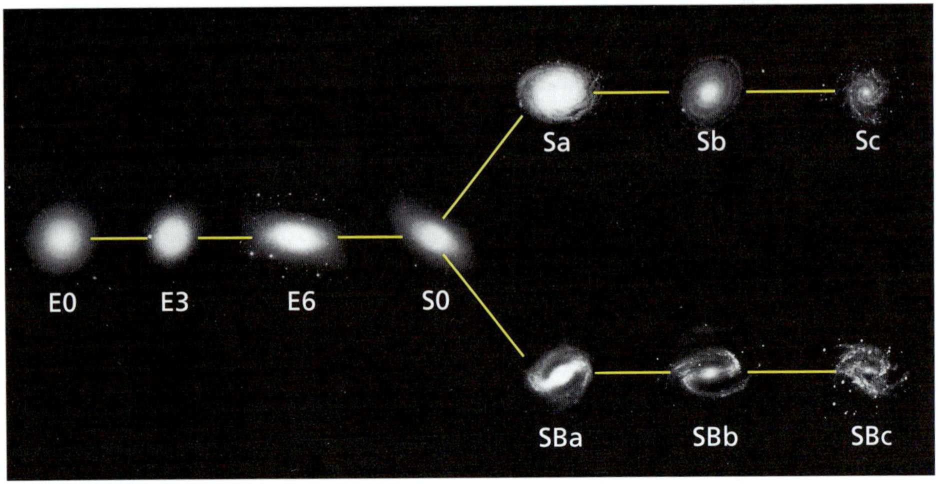

Einteilung der Sternsysteme in verschiedene Typen nach ihrem äußeren Erscheinungsbild:
E – Elliptisches System S – Normales Spiralsystem SB – Balkenspiralsystem

und mit großer Sorgfalt zusammenzutragen, gegen andere Auffassungen zu verteidigen und somit ein möglichst unumstößliches Fundament für das neue Wissensgebäude zu errichten.

Doch bald sprachen die Tatsachen für sich und niemand zweifelte mehr an der Existenz jener Welteninseln, die schon Immanuel Kant Jahrhunderte früher vor seinem geistigen Auge gesehen hatte.

Wenn man unser Sternsystem mit einer Stadt vergleicht, zu der unsere Sonne mit ihren Planeten gehört, dann stellen die anderen Sternsysteme weitere Städte in einem ausgedehnten Land dar, das sich vor unseren Augen bis in unvorstellbare Tiefen des Raumes ausbreitet. Die Sternsysteme sind gleichsam die Bausteine des Universums. Allerdings bergen die Beobachtungen von Sternsystemen viele Schwierigkeiten in sich. Nur die näheren und helleren können mit hinreichender Sicherheit erforscht werden. Ferne Galaxien mit geringer Helligkeit lassen sich vom Himmelshintergrund nicht unterscheiden. Kleine Galaxien sind in ihrem äußeren Bild von Sternen nicht zu unterscheiden. Deshalb beziehen sich fast alle Angaben über Galaxien auf die Beobachtungen an den helleren Gebilden. Erst neuerdings hat das Hubble Space Weltraumteleskop bisher einzigartige Details über lichtschwächere Galaxien erfaßt.

Einteilung der Galaxien

Die verschiedenen Typen von Galaxien kommen in unterschiedlichen Häufigkeiten vor: Die Spiralgalaxien wie unsere eigene Milchstraße oder der Andromeda-Nebel bilden den Hauptanteil. Über 80 % aller Sternsysteme gehören diesem Typus an. Die elliptischen Systeme kommen

nur zu etwa 14 %, die irregulären gar nur zu einigen wenigen Prozent vor.
Allerdings wurden durch Einsatz immer besserer Instrumente auch Sternsysteme entdeckt, die sich nicht in die drei Haupttypen einordnen lassen, sondern Eigenschaften besonderer Art aufweisen, die bei den Haupttypen nicht vorkommen. Das betrifft vor allem Sternsysteme, die wesentlich mehr Energie abstrahlen, als aus ihrem Vorrat an Sternen erklärt werden kann. Man faßt sie unter dem Oberbegriff der aktiven Galaxien zusammen. So strahlen z. B. die sogenannten Seyfert-Galaxien extrem intensiv in ihrem Kerngebiet, das oft nur wenige Lichtjahre Durchmesser besitzt. Auffällig ist der starke Anteil von ultravioletter und infraroter Strahlung, die oft noch raschen Intensitätsschwankungen unterliegt. Etwa 1 % aller Galaxien zählen zu dieser besonderen Gruppe.
Die andere herausragende Klasse von besonderen Sternsystemen sind die Radiogalaxien. Sie strahlen hauptsächlich Radiowellen aus, und zwar derart intensiv, wie es sonst der Gesamtleuchtkraft einer Galaxie entspricht. Die Analyse der Strahlung läßt erkennen, daß sie von rasch bewegten Elektronen herstammt, die sich in Magnetfeldern bewegen. Es handelt sich um sogenannte Synchrotonstrah-

Blick in die Tiefen des Alls: Auf dem Foto sind 18 junge Galaxien zu erkennen (Aufnahme Hubble-Space-Teleskop).

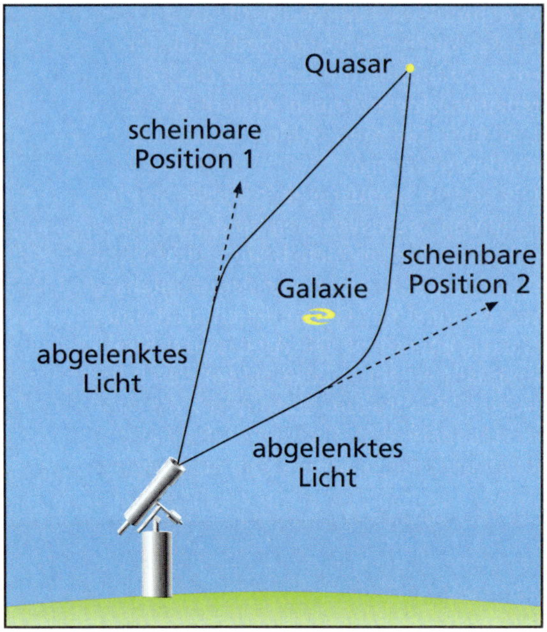

Wirkungsweise einer Gravitationslinse

lung. Rätselhaft bleibt allerdings bislang, wie die Elektronen und die Magnetfelder entstehen und auf welche Weise die Elektronen ihre enormen Energien erhalten. Erklärungsbedürftig ist auch die Doppelstruktur der Radiogalaxien: Die Gebiete der starken Radiostrahlung liegen nämlich rechts und links der im optischen Bereich sichtbaren Galaxie. Aber auch gänzlich andere Strukturen wurden beobachtet, so z. B. schmale jetartige Strahlungsgebiete unterschiedlichster Formen. Die gewaltigen Energieabstrahlungen lassen vermuten, daß diese Vorgänge von den Galaxien nicht allzulange aufrechterhalten werden können. Deshalb wird angenommen, daß es sich bei den aktiven Galaxien um Entwicklungsstadien von Sternsystemen handelt, deren Dauer sich aus der Häufigkeit ihres Vorkommens erschließen läßt.

Quasare

Eine besonders mysteriöse Klasse von Objekten wurde 1963 entdeckt. Sie gibt uns bis heute Rätsel auf. Es handelt sich um die sogenannten Quasare, quasistellare Radioquellen. Optisch erscheinen die Quasare punktförmig wie Sterne. Es handelt sich um sehr weit entfernte, kleine Objekte, die aber insgesamt etwa 100 mal soviel Energie abstrahlen wie ein normales Sternsystem. Die Entdeckung leuchtender Hüllen um die winzigen Kerne führte zu der Auffassung, daß es sich bei den Quasaren um Kerne von Galaxien in einem bestimmten Entwicklungsstadium handelt. Die Entfernungen der Quasare sind durchweg extrem groß – der bisher entfernteste Quasar wurde in ungefähr 15 Milliarden Lichtjahren Entfernung gefunden. Wir erblicken ihn also in einem 15 Milliarden Jahre zurückliegenden Zustand. Daher kann es sich nur um ein sehr frühes Stadium im Leben von Galaxien handeln. Die elektromagnetischen Wellen, die uns die Botschaft von den Extremobjekten bringen, sind nämlich bereits bis zu 15 Milliarden Jahre lang unterwegs. Deshalb berichten sie auch nur von einem Zustand in der fernsten Vergangenheit.

Auf welche Weise es den Quasaren allerdings gelingt, ihre unvorstellbaren Energiemengen freizusetzen, ist bis auf weiteres definitiv unbekannt. Die ohnehin schon sehr effektive Kernfusion reicht nämlich nicht aus, um die beobachteten

Fakten zu erklären. Von den verschiedenen z. T. sehr phantasievollen Erklärungsversuchen kommt vielleicht jener der Wirklichkeit am nächsten, der im Zentrum dieser Objekte ein riesiges Schwarzes Loch vermutet. Auch die Annahme eines Sterns von bislang unbekannten Dimensionen und millionenfacher Sonnenmasse konnte das Phänomen eventuell erklären. Im Fall des Schwarzen Loches stürzt Materie aus der Umgebung auf das extrem dichte Objekt und führt zu der beobachteten Strahlung. Eine flache Materiescheibe um das Loch befindet sich in rascher Rotation, wodurch die beteiligten Massen stark aufgeheizt und zur Aussendung kurzwelliger Strahlung veranlaßt werden. Die andere Hypothese eines massereichen Supersterns setzt natürlich voraus, daß dieser sich in Rotation befindet. Aus der Theorie der Sternentwicklung wissen wir, daß andernfalls ein so massereiches Objekt längst in sich zusammengestürzt sein müßte.

Im Zusammenhang mit den Quasaren ist noch ein anderes Phänomen von außerordentlichem Interesse: die Gravitationslinsen. Da sich die Quasare in sehr großen Entfernungen befinden, muß ihr Licht gelegentlich ein massereiches Sternsystem im Vordergrund passieren. Dabei kann es zur Lichtablenkung entsprechend Einsteins Allgemeiner Relativitätstheorie kommen, die uns irdischen Beobachtern das Vorhandensein von zwei oder mehr Quasaren vortäuscht. Auch ringförmige Strukturen, die auf ein einziges Objekt in großer Distanz und ein massereiches Sternsystem im Vordergrund zurückzuführen sind, wurden bereits gefunden. Der erste Doppelquasar, der in Wirklichkeit nur einen einzigen darstellt, wurde im Jahre 1979 im Sternbild Große Bärin entdeckt. Der Quasar befindet sich in ungefähr 10 Milliarden Lichtjahren Entfernung. Eine etwa 4 Milliarden Lichtjahre entfernte elliptische Riesengalaxie verursacht sein Doppelbild.

DAS SEIFENBLASEN-UNIVERSUM

Wohin auch immer wir den Blick im Universum lenken – wir finden dort Strukturen. Gilt dies auch für die Welt der Galaxien? Oder enden in diesem Bereich die hierarchischen Baugruppen des Kosmos?

Entfernungen von Sternsystemen sind schwierig zu bestimmen. Solange man die Galaxien noch in Einzelsterne auflösen kann, besteht wenigstens die Hoffnung, durch Anwendung der Veränderlichen-Methode auch zuverlässige Distanzmessungen zu erhalten. Je weiter die Galaxien aber entfernt sind, um so mehr verschwimmen auch die gewaltigen Welteninseln zu Nebelfleckchen selbst im Visier der größten Teleskope. Dann müssen indirekte Methoden dazu herhalten, Angaben über die räumliche Stellung der Objekte abzuleiten.

Solche Methoden basieren auf verschiedenen Annahmen, und sie funktionieren natürlich um so besser, je zuverlässiger die Annahmen sind. Ein Beispiel mag dies verdeutlichen: Angesichts der großen Anzahl von Sternen in den Galaxien kommt es immer wieder zu Supernova-Explosionen. Selbst wenn es nicht mehr gelingt, ein Sternsystem in Einzelsterne aufzulösen, so macht sich eine Supernova wegen ihrer großen Helligkeit doch eindeutig bemerkbar. Sie kann dann gleichsam als eine „Standardkerze" benutzt werden, wobei man davon ausgeht, daß alle Supernovae etwa die gleiche absolute (Maximal-)Helligkeit besitzen.

Doch auch auf anderem Wege lassen sich die Entfernungen von Galaxien ermitteln. Erinnern wir uns an das Problem der Sternentfernungen. Die zuverlässig gemessenen Winkelverschiebungen der Sterne durch die Bewegung der Erde um die Sonne bildeten die Basis. Mit ihrer Hilfe konnten weitere Verfahren geeicht werden. Doch neben den individuellen Entfernungen der Sterne kamen auch statistische Entfernungen ins Spiel, bei denen man die Distanzen ganzer Gruppen bestimmt, dafür aber auf die genauen Entfernungen der einzelnen Objekte verzichtet. Für manchen wissenschaftlichen Zweck ist diese Vorgehensweise durchaus sinnvoll.

Wenn wir nun nach der großräumigen Verteilung der Sternsysteme fragen, dann muß man auch hier wegen der enormen Anzahl von Objekten auf statistische Verfahren zurückgreifen. So kann man z. B. die Verteilung der Nebel im Raum dadurch bestimmen, daß man sie einfach zählt und dabei ihre Helligkeiten mit heranzieht. Man kann dann die Anzahl der nachweisbaren Galaxien bis zu einer jeweils bestimmten Helligkeit feststellen und daraus auf ihre Verteilung schließen. Die Auswertung solcher Zählungen ist allerdings nicht ganz einfach. Um überhaupt zum Ziel zu kommen, muß man nämlich zunächst einige Annahmen zugrundelegen, von denen man leider recht sicher ist, daß sie gar nicht zutreffen. Soll z. B. die Anzahl der Nebel bis zu einer bestimmten Helligkeit einen Rückschluß auf die Zahl der Objekte in einem Raumgebiet gestatten, setzt man voraus, daß alle Nebel in Wirklichkeit gleich hell sind. Das ist natürlich nicht der Fall. Sollte es im Raum zwischen den einzelnen Sternsystemen auch eine lichtverschluckende Materie geben, werden die Ergebnisse auch dadurch verfälscht usw. Mit anderen Worten: Die Abweichungen der Wirklichkeit von den gemachten Annahmen zwingen uns, die Ergebnisse der Zählungen zu korrigieren. Dazu benötigen wir allerdings genaue Kenntnisse über die Beträge dieser Abweichungen.

Unter Berücksichtigung all dieser Einflußgrößen ist es im Laufe der Zeit immer besser gelungen, die Anordnung der Nebel im Raum zu ermitteln. Das Ergebnis ist höchst interessant: Auch die Sternsysteme sind nämlich im Universum keineswegs gleichmäßig verteilt, wie ja auch die Sterne unseres eigenen Milchstraßensystems keine gleichmäßige Verteilung aufweisen. Schon die scheinbare Anordnung der Galaxien am Firmament läßt deutliche Ballungen erkennen, d. h. Gebiete, in denen wesentlich mehr Sternsysteme vorhanden sind als anderswo. Die Zahl der Mitglieder solcher Haufen ist sehr unterschiedlich. Einige zählen nur wenige Dutzend Galaxien, andere mehr als 10 000.

Auch unsere heimatliche Galaxie zählt zu einem Haufen, der sogenannten Lokalen Gruppe. Bei diesem Galaxienhaufen handelt es sich um eine der kleinen Ansammlungen von Sternsystemen. Zu den bekanntesten Mitgliedern dieser Gruppe zählen neben unserem eigenen Sternsystem und den Magellanschen Wolken auch der Andromeda-Nebel mit seinen Begleitern sowie der oft zitierte Triangulum- oder Dreieck-Nebel M 33. Insgesamt dürfte die Lokale Gruppe ungefähr 30 Galaxien enthalten.

Andere sehr galaxienreiche Haufen befinden sich z. B. in den Sternbildern Jungfrau (Virgo-Haufen) und Haar der Berenike (Coma-Haufen). Der Virgo-Haufen in rund 62 Millionen Lichtjahren Entfernung zählt etwa 2 500 Mitglieder, der mit knapp 400 Millionen Lichtjahren viel entferntere Coma-Haufen beinhaltet rund 1 100 Galaxien.

Wie man aus der gegenseitigen Einwirkung der Komponenten in einem Doppelsternsystem auf die Massen schließen kann, so lassen sich auch aus dem Studium der Bewegungsverhältnisse in Galaxienhaufen Rückschlüsse auf die Massen der Mitglieder ziehen. Seltsamerweise gelangt man dabei aber zu ganz anderen Ergebnissen, als wenn man die Massen aus den Sternbewegungen in den Galaxien selbst ermittelt. Wir erinnern uns, daß wir schon einmal dem Problem „fehlender“ Massen begegnet sind, als wir das Rotationsverhalten der Milchstraße und des Andromeda-Nebels betrachtet haben (siehe S. 140). Hier finden wir nun noch einmal dieselbe Diskrepanz. Die Schlußfolgerung, die wir bereits gezogen haben, kann also nur noch einmal bekräftigt werden: Ein erheblicher Teil der Massen im Universum bleibt uns verborgen. Er macht sich lediglich durch seine Gravitationswirkung bemerkbar, jedoch nicht in Form von optisch oder sonstwie nachweisbarer Materie.

Haufenweise Haufen

Sind nun die Galaxienhaufen die größten uns bekannten Strukturen im Universum? Das ist keineswegs der Fall. Vielmehr bilden sie wiederum Anhäufungen, die wir als Superhaufen bezeichnen. Die Lokale Gruppe gehört z. B. zum Virgo-Superhaufen. Wie fast stets, wenn ein Phänomen entdeckt und empirisch untersucht wird, versucht man zunächst, eine Klassifizierung zu finden, die sich an äußeren Merkmalen orientiert. Dementsprechend ist man mit den verschiedenen Sternspektren verfahren, ähnlich mit den Galaxien.

Auch die Galaxienhaufen sind auf diese Weise geordnet worden, wenn es zur Zeit auch noch an einer allgemein anerkannten Klassifikation mangelt. Die Anordnung der Galaxien in Haufen bringt es mit sich, daß die Galaxiendichte in den sogenannten kompakten Clustern (das ist eine Art „Kugelhaufen" der Galaxien) in den zentrumsnahen Bereichen recht groß wird, so daß einzelne Haufenmitglieder auch miteinander zusammenstoßen können. Ein solches Ereignis findet in den genannten Haufen im Durchschnitt alle 500 Millionen Jahre statt. Die Sterne der beteiligten Galaxien selbst kollidieren dabei keineswegs, aber die Materie zwischen den Sternen wird ein „Opfer" der Massenanziehungskraft, und oft wird dann die kleinere Galaxie von der größeren förmlich „aufgefressen". Entweder kommt es danach zu einer vollständi-

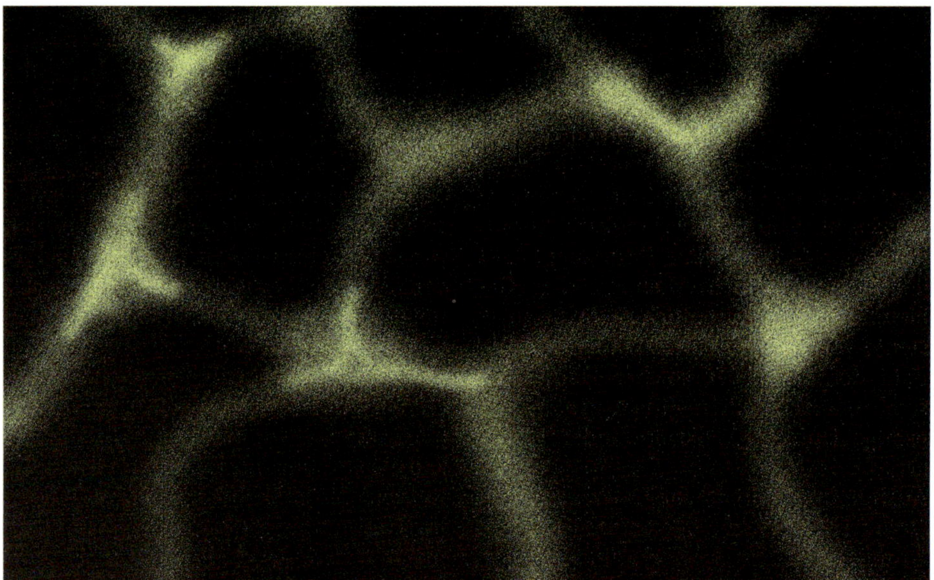

Das Seifenblasenuniversum: So stellt man sich die Verteilung der galaktischen Haufen in großen Maßstäben vor. An den Knotenpunkten ist die Galaxiendichte am größten.

gen Vereinnahmung der Sterne des kleinen Partners durch die größere Galaxie oder die kleinere verliert zumindest einen Teil ihres Sternreichtums.
Übrigens ist auch der Raum zwischen den Galaxien nicht leer. Vielmehr sind die einzelnen Mitglieder eines Haufens von Sternsystemen in ein heißes Gas aus Elektronen und Protonen eingebettet. Die hohe Temperatur bedeutet nichts anderes als eine hohe Geschwindigkeit der Teilchen. Die Dichte dieser Materie ist hingegen so gering, daß man von der Temperatur gar nichts spüren würde, wenn man mit dem „heißen“ Gas in Berührung käme. Die Galaxienhaufen sind immer noch nicht die größten Verteilungsmuster im Universum. Vielmehr zeigen auch die Haufen wieder die Tendenz zur Haufenbildung. Während die typischen Galaxienhaufen einen Durchmesser zwischen 10 und 30 Millionen Lichtjahren aufweisen, betragen die Durchmesser der Superhaufen bis zu 100 Millionen Lichtjahre. In ganz großen Dimensionen finden wir eine Art Wabenstruktur. Aneinanderstoßende Zellen, deren Inneres keine leuchtende Materie enthält, bilden somit die größten uns bisher bekannten Verteilungsmuster im Kosmos. Die „Zellwände“ werden von einer dünnen Galaxienschicht gebildet, die gelegentlich auch Verstärkungen aufweist. Solche Haufenketten laufen in sehr objektreichen Knoten zusammen – den Superhaufen mit einem markanten Galaxienhaufen im Zentrum.

BIOGRAPHIE DES UNIVERSUMS

DIE ENTDECKUNG DER WELTEXPLOSION

Geburt und Tod begrenzen alle Dinge, die wir kennen. Doch auch das Eine, Große, Allumfassende, das Universum, währt nicht ewig. Es hat nicht nur Anfang und Ende **in** *der Zeit, sondern die Zeit selbst existierte nicht immer und wird vielleicht nicht immer existieren.*

Das 20. Jahrhundert hatte wissenschaftlich mit zwei großen Paukenschlägen begonnen: Max Planck veröffentlichte seine Quantentheorie und revolutionierte damit das Bild vom Mikrokosmos. Alles, was sich in der Welt und Subwelt des atomaren Bereichs abspielte, war nun dem wissenschaftlichen Verständnis zugänglich, wenn es sich dabei auch oft um wundersame Dinge handelte, die sich unserem logischen Alltagsdenken zu widersetzen schienen. Die andere große Entdeckung ist mit dem Namen Albert Einsteins verbunden: Die Relativitätstheorie, zunächst die Spezielle (1905) und dann die Allgemeine (1916).

Die Allgemeine Relativitätstheorie ist eine neue Theorie der Gravitation und damit zuständig für die Makrowelt, für das Verständnis des Universums. Tatsächlich hat die Allgemeine Relativitätstheorie – anfangs heftig umstritten – einen Siegeszug angetreten, der bis heute anhält. Ohne die Auffassungen Einsteins von Raum und Zeit könnten wir den Kosmos und viele der dort ablaufenden Vorgänge nicht verstehen. Der Raum ist bei Einstein ein vierdimensionales raum-zeitliches Gebilde – etwas durchaus Unanschauliches. Doch Anschaulichkeit ist nicht das Kriterium für Wahrheit. Aus Einsteins Theorie ergeben sich einige Effekte, deren Nachweis darüber entscheidet, ob die Theorie die Realität richtig widerspiegelt oder nicht. So muß z. B., wenn Einstein Recht hat, ein unmittelbar am Rand der Sonne vorüberlaufender

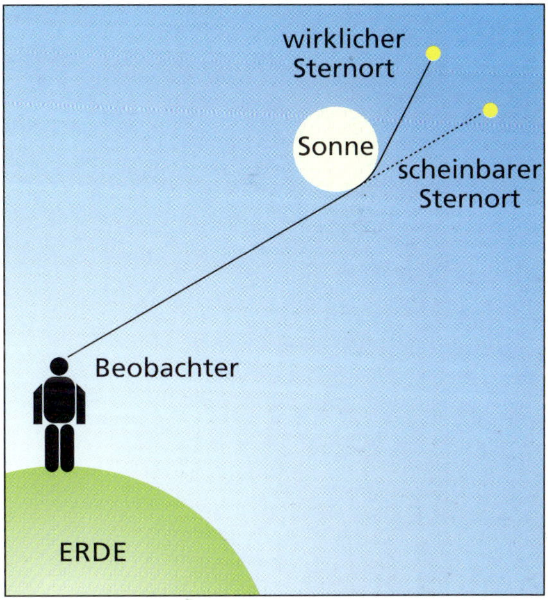

Ein Stern unmittelbar am Sonnenrand verändert für den irdischen Beobachter seine Position gegenüber seinem sonstigen Ort. So sagt es die Allgemeine Relativitätstheorie voraus.

Lichtstrahl durch die Masse der Sonne eine Ablenkung erfahren, denn Einsteins Theorie besagt, daß die Massen dem Raum eine Krümmung verleihen. Bei der totalen Sonnenfinsternis von 1919 wurde dieser Effekt erstmals nachgewiesen. Die verfinsterte Sonne ließ den Sternhimmel mitten am Tage sichtbar werden und man konnte die Positionen sonnenrandnaher Sterne vermessen. Sie unterschieden sich tatsächlich um den von der Theorie geforderten Betrag von der normalen Position dieser Sterne.

Auch die anderen von Einsteins Theorie geforderten Effekte konnten nach und nach mit teilweise erheblichem Forschungsaufwand nachgewiesen werden.

Für Einstein war von Anbeginn klar, daß seine Theorie geeignet sein mußte, Aussagen über die Welt im Großen zu machen, befaßte sie sich doch mit der Anziehungskraft, der einzigen physikalischen Grundkraft, durch die bis in beliebige Distanzen hinein die Wechselwirkungen der Objekte beschrieben werden können. So unternahm Einstein schon bald nach der Fertigstellung seiner Theorie den Versuch, die Welt als Ganzes theoretisch zu modellieren. Dabei ging er von dem Prinzip aus, daß die durchschnittliche Dichte überall im Universum dieselbe ist und es keine irgendwie bevorzugten Richtungen gibt. Die Fachleute sprechen von Homogenität und Isotropie. Als Resultat fand Einstein einen in sich geschlossenen statischen Kugelraum. Die kosmischen Massen sollten insgesamt eine solche Raumkrümmung bewirken, daß sich ein grenzenloser, aber nicht unendlicher Raum ergibt, der durch vier Dimensionen (drei des Raumes und eine der Zeit) definiert wird. Wenn man die Beschreibung „endlich, aber grenzenlos" hört, braucht man nur an die Oberfläche einer Kugel zu denken. Diese existiert als zweidimensionale Fläche im dreidimensionalen Raum und ist ohne Grenze, aber doch endlich. Ein Lichtstrahl, der in Einsteins Universum irgendwo ausgesendet wird, müßte nach endlicher Zeit wieder zu seinem Ursprungsort zurückkehren, weil er der Krümmung des Raumes folgt. Doch Einstein war einem Irrtum verfallen, wie schon bald der sowjetische Mathematiker A. A. Friedmann nachwies. Friedmann konnte zeigen, daß ein Kosmos, der den Gleichungen der Allgemeinen Relativitätstheorie genügen soll, sich entweder ausdehnen oder zusammenziehen muß, sich entweder in Expansion oder in Kontraktion befindet.

Neben Friedmann leiteten auch andere bedeutende Theoretiker solche Modelle aus Einsteins Gleichungen ab. Den meisten Astrophysikern erschienen die Schlußfolgerungen jedoch eher absurd. Sie fühlten sich in der Auffassung bestätigt, daß Einsteins Theorie, die ohnehin noch nicht allgemein anerkannt war, wohl für eine Beschreibung des Universums als Ganzes nicht geeignet war.

Doch es kam anders. Die beobachtenden Astrophysiker hatten ihre Aufmerksam-

Die Untersuchung entfernter Galaxien hilft den Astronomen, den Aufbau des Weltalls zu verstehen. Diese Farbaufnahme des Very Large Telescope zeigt die komplexe Galaxie NGC 4650A im Sternbild Centaurus, die 165 Millionen Lichtjahre entfernt ist. Man vermutet, daß sich hier zwei Galaxien miteinander verschmolzen haben.

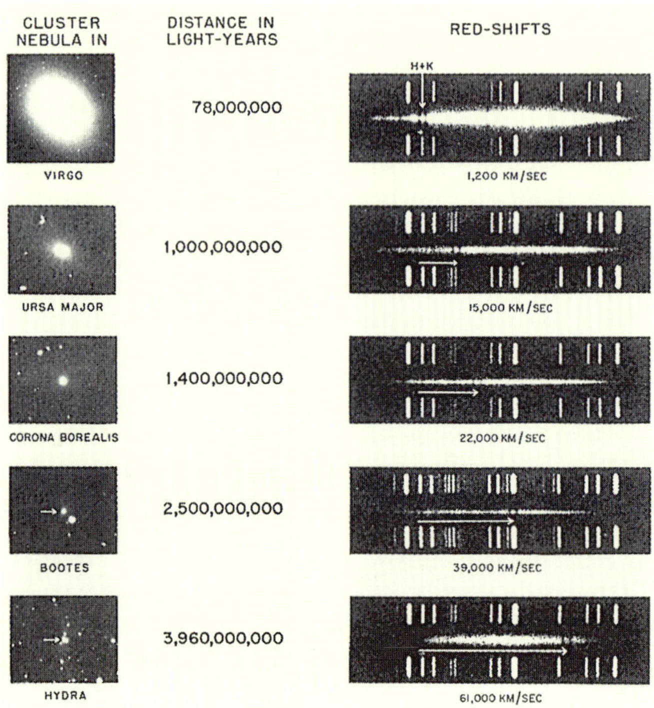

Originalaufnahmen von E. Hubble über den Zusammenhang zwischen den Linienverschiebungen in den Spektren extragalaktischer Nebel und deren Entfernung

keit den „Nebeln" zugewendet, um deren Natur aufzuklären. Noch lange, bevor überhaupt Gewißheit darüber herrschte, daß viele Nebel in Wirklichkeit ferne Sternsysteme sind, wurden die Spektren dieser Objekte sorgfältig untersucht. Der amerikanische Astronom Slipher vom Lowell Observatorium stellte fest, daß die Spektren der Nebel sich im allgemeinen von den Labor-Vergleichsspektren dadurch unterscheiden, daß alle Linien zum roten Ende hin verschoben sind. Deutet man diese Verschiebungen der Linien als Doppler-Effekt (vgl. Kapitel „Wie Astronomen das Weltall erforschen"), dann muß man aus den Verschiebungen schließen, daß die Nebel recht hohe Geschwindigkeiten aufweisen. Werte von 100 km/s (immerhin 360 000 Kilometer je Stunde!) waren keine Seltenheit. Slipher verfolgte diesen Befund mehr als ein Jahrzehnt hindurch und gelangte zu der Vermutung, daß möglicherweise ein Zusammenhang zwischen der Größe der beobachteten Linienverschiebungen und der Entfernung der Nebel bestand. Doch die Entfernungen waren gar nicht bekannt und die ganze Hypothese stand auf äußerst wackligen Füßen. Dies änderte sich erst mit der Inbetriebnahme des Hooker-Teleskops auf dem Mount Wilson. In Verbindung mit diesem Instrument wurde u. a. auch ein neuartiger Spektrograf zur Untersuchung des zerlegten Lichts von kosmischen Objekten eingesetzt, der die besten bis dahin möglichen Auflösungen erzielte. Hubble und sein Kollege Humason belichteten ihre Platten bis an die Grenze des Möglichen und ermittelten die Entfernungen von 65 verschiedenen extragalaktischen Objekten. Der Befund war ganz eindeutig: Je größer die Entfernungen der Nebel, um so größer auch die Verschiebungen der Spektrallinien zum roten Ende des Spektrums hin – immer im Vergleich zu irdischen Laborspektren. Die Galaxien bewegten sich durchweg vom Beobachter fort, und zwar mit um so größerer Geschwindigkeit, je weiter sie entfernt waren. Was bedeutete das? Offenbar kamen hier zwei Forschungswege zusammen: Das Universum war, wie die Beobachtungen zeigten, tatsächlich keineswegs statisch. Gerade dies hatte Friedmann aus Einsteins Allgemeiner Relativitätstheorie vorhergesagt. Es müsse entweder expandieren oder kontrahieren, hatte Friedmann behauptet. Die Beobachtungen sprachen nun zugunsten einer allgemeinen Expansion des Kosmos.

Zunächst hatte es den Anschein, als bewegten sich alle fernen Sternsysteme im Durchschnitt von uns weg. Beinahe sah es so aus, als würde das geozentrische System auf einer anderen Grundlage neu geboren. Doch die Relativitätstheorie Einsteins ließ deutlich werden, daß jeder andere Beobachter, in welchem Sternsystem auch immer sein Planet um eine der dortigen Sonnen kreisen sollte, dieselbe Feststellung treffen müßte. Auch ihm erschiene es, als befinde er sich gleichsam im Zentrum des Geschehens. Zur Veranschaulichung bleibt uns wieder nur ein zweidimensionales Analogon: Wir denken uns die dreidimensionale Welt in die zweidimensionale Oberfläche eines Luftballons verpackt, der gerade aufgeblasen wird. Dann hätte ein beliebiger Beobachter irgendwo auf der Oberfläche des Ballons den Eindruck, alle anderen Punkte bewegten sich von ihm fort. Dennoch befände er sich keineswegs im Mittelpunkt der Oberfläche des Luftballons. Im Gegenteil: Die Oberfläche eines Luftballons besitzt überhaupt keinen Mittelpunkt!

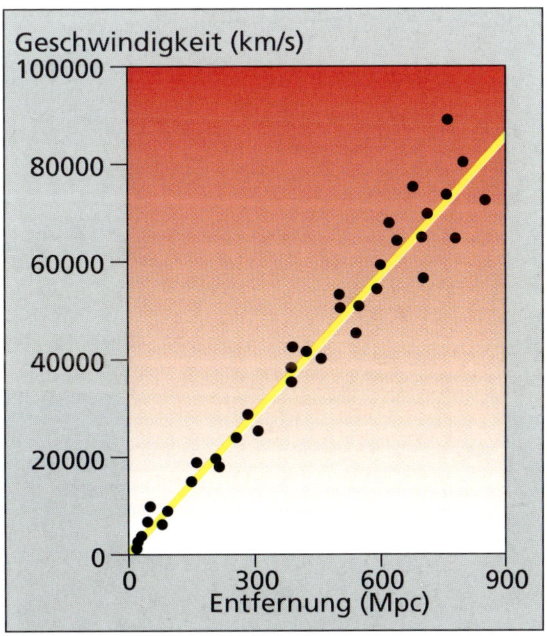

Mit zunehmender Entfernung der Galaxien nimmt die Radialgeschwindigkeit zu.

Das Weltall auf Expansionskurs

Die Entdeckung der Expansion des Universums war zweifellos eine der großen Revolutionen in der Geschichte des astronomischen Weltbildes, durchaus vergleichbar dem Umbruch, den Copernicus durch die Erkenntnis der Mittelpunktstellung der Sonne herbeigeführt hatte. Dennoch brachte die Entdeckung der Expansion des Weltalls keineswegs die gleichen Erschütterungen im Denken der Menschen hervor, wie einst die heliozentrische Lehre. Die Menschheit konnte eben nur einmal aus ihrer behüteten Sonderstellung in der „Mitte der Welt“ vertrieben werden. Alle anderen noch so bahnbrechenden neuen Erkenntnisse über unsere Stellung im Weltganzen berührten die Menschen weitaus weniger.

Die Entdeckung der Expansion des Kosmos bedeutete übrigens auch nicht, wie einige Forscher zunächst annahmen, daß sich die Sternsysteme in einen bereits vorhandenen Raum hinaus bewegten, um diesen nach und nach immer mehr auszufüllen. Vielmehr lehrte die Einsteinsche Theorie, daß es der Raum selbst war, der hier vor unseren Augen größer und größer wurde. Die zunehmenden Distanzen der Sternsysteme sind gleichsam nur ein Indikator für die Ausdehnung des Raumes selbst.

Aus der Entdeckung der „Nebelflucht“ ergab sich zwangsläufig die Frage: Wie lange mochte dieser Prozeß bereits im Gange sein: Wie sah das Universum in einer weit zurückliegenden Vergangenheit aus?

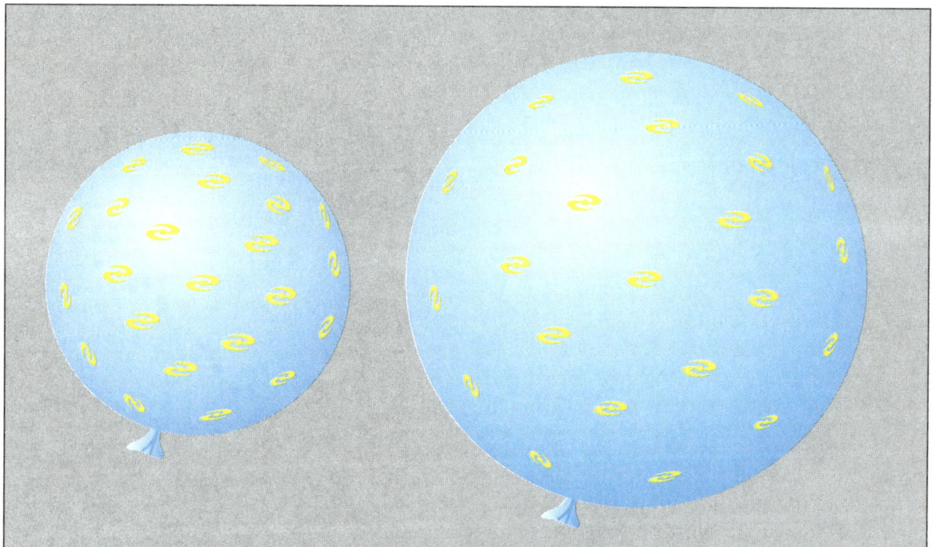

Das Universum expandiert wie ein Luftballon. Doch dessen Oberfläche ist zweidimensional, während das Universum drei Raumdimensionen und eine Zeitdimension aufweist.

Die naheliegendste Annahme war natürlich, daß die beobachtete „Nebelflucht" auch in der Vergangenheit stattgefunden hat. Daraus folgt, daß die Galaxien zu einem weit zurückliegenden Zeitpunkt in der Vergangenheit viel enger beeinander gestanden haben müssen als heute. Auch der Raum war damals viel kleiner. Verfolgt man diesen Gedanken konsequent zu Ende, so kommt man zu dem Schluß, daß es irgendeinen Zeitpunkt gegeben haben muß, zu dem das gesamte heute von uns überschaubare Universum in einem einzigen Punkt vereinigt war. Da man die Zunahme der Galaxiengeschwindigkeiten mit der Entfernung kennt – das sogenannte Hubblesche Gesetz – war es ein Leichtes, herauszufinden, wann alle Galaxien in einem Punkt vereinigt gewesen sein müssen. Das Ergebnis lautet: Vor etwa 15 Milliarden Jahren! Diese Aussage ist natürlich nicht ganz korrekt, denn „Sternsysteme" kann es unter diesen Umständen überhaupt nicht gegeben haben. Treffender müßte es heißen, daß alle Massen des Universums vor etwa 15 Milliarden Jahren in einem Punkt vereint gewesen sind. Daraus ergeben sich aber mehrere Konsequenzen, die zunächst fast abstrus klingen: Die Massendichte muß nämlich unendlich hoch gewesen sein. Auch die Temperatur war unendlich hoch. Keinerlei physikalische Erkenntnisse, auch Einsteins Relativitätstheorie nicht, gestatten uns aber, einen solchen Zustand zu beschreiben. Man spricht von einer „Singularität". Somit ergibt sich die Frage, wie aus jenem unendlich heißen und unendlich dichten „Punkt" das heutige Weltall mit all seinen Erscheinungsformen hervorgegangen ist.

DAS URKNALL-SZENARIO

Die Entdeckungen mit den Riesenteleskopen unseres Jahrhunderts, aber auch die Entwicklung der physikalischen Theorien haben uns in die Lage versetzt, unvorstellbare Zeiträume gedanklich zu überbrücken und das Bild einer Lebensgeschichte des Weltalls zu entwerfen. Vieles spricht dafür, daß es in seinen Grundzügen dem tatsächlichen Geschehen nahekommt.

Die Lebensgeschichte des Universums begann nach der heute vorherrschenden wissenschaftlichen Meinung mit dem Urknall (engl. Big Bang). Dieser bildhafte Begriff umschreibt allerdings nur sehr ungenügend, was damals geschah. Wir sollten ihn eher als das Synonym für ein Szenario betrachten, mit dem die Expansion des Universums und alle damit verbundenen Vorgänge beschrieben werden. Der mit den Hilfsmitteln unserer heutigen Physik nicht beschreibbare „Augenblick Null", in dem Raum und Zeit und somit unser Universum entstanden, ging durch die Expansion rasch in einen Zustand über, der zwar extrem genannt werden muß, aber doch unserer Physik bereits zugänglich ist. Binnen einer einzigen Sekunde sank die anfangs unendlich hohe Temperatur auf zehn Milliarden Grad – rund das tausendfache der Temperatur im Innern unserer Sonne. Das Universum bestand aus Photonen extrem hoher Energie, die ständig Elementarteilchen bildeten. Hier kommt wieder Einsteins Erkenntnis ins Spiel, daß Energie und Masse nur zwei verschiedene Erscheinungsformen der Materie sind. Welche Teilchen aus den Photonen jeweils entstehen, hängt direkt von der Photonenenergie ab. Sie muß nämlich ausreichend sein, um Teilchen einer jeweils bestimmten Masse zu erzeugen. Für die Erzeugung von Elektronen reicht bereits eine Temperatur von 6 Milliarden °C aus, für schwerere Teilchen sind höhere Energien erforderlich.

Damals herrschte thermisches Gleichgewicht: In jeder Zeiteinheit wurden ebenso viele Teilchen aus der Strahlung erzeugt, wie auch wieder zerstrahlten. Die „Rückumwandlung" der Teilchen in Strahlung kam dadurch zustande, daß die Teilchen immer paarweise entstanden: Ein Teilchen und sein Antiteilchen. Die Antiteilchen unterscheiden sich von den Teilchen durch ihre Ladung. So hat z. B. das Antiteilchen des Elektrons dieselbe Masse wie dieses, dem Betrag nach auch dieselbe Ladung, allerdings mit umgekehrtem Vorzeichen. Während das Elektron elektrisch negativ geladen ist, verfügt das „Antielektron" (Positron) über eine elektrisch positive Ladung. Doch nicht nur das Elektron besitzt einen „Gegenspieler" in Form seines Antiteilchens, auch alle anderen Elementarteilchen kommen paarweise vor. Das Antiteilchen des Elektrons wurde bereits im Jahre 1932 experimentell nachgewiesen; die Antiteilchen schwererer Partikel aber erst nach 1955. Die ersten Atome der „Gegenwelt", Atome des Antiwasserstoffs, wurden definitiv 1996 erzeugt. Keine Frage also, daß im Frühzustand des Universums tatsächlich vollständige Symmetrie zwischen Teilchen und Antiteilchen herrschte.

Teilchen und Antiteilchen zeichnen sich nun aber durch eine ganz besondere Eigenschaft aus: Wenn sie sich berühren, „vernichten" sie sich gegenseitig. Sie verschwinden natürlich nicht im Nichts, sondern aus den Teilchen entsteht die ihrer Masse entsprechende Energie. Das thermische Gleichgewicht in der frühesten Jugend des Kosmos bedeutet einen Gleichstand zwischen Photonen (Energie) und Teilchenpaaren (Teilchen und deren Antiteilchen). Da sich das Weltall jedoch in Expansion befand, waren Temperatur und Dichte ständig im Sinken begriffen. Das Weltall war damals nicht nur heiß und dicht, sondern auch extrem klein. Die Masse aller uns heute bekannten Sternsysteme war in einer Kugel von etwa einem fünftel Millimeter Durchmesser eingeschlossen!

Doch der Zustand veränderte sich rasch. Während der infernalische Vernichtungskrieg der Teilchen und Antiteilchen tobte, sanken die Temperaturen durch die Ausdehnung des Weltalls rasch ab und schon knapp zwei Minuten nach dem „Urknall" herrschte „nur" noch eine Temperatur von etwa einer Milliarde °C – zuwenig für die Bildung selbst der leichtesten Teilchen und deren Antiteilchen aus der Strahlung. Es kamen also keine neuen Teilchen mehr hinzu. Die bereits vorhandenen Teilchen vernichteten sich weiter und bereicherten somit den Strahlungsanteil.

Hätten zu diesem Zeitpunkt ebenso viele Teilchen wie Antiteilchen existiert, so hätten diese sich gegenseitig „vernichtet", d. h. in Energie umgewandelt. Folglich wären wir Menschen heute im Universum nicht vorhanden, könnten Sie dieses Buch nicht in ihren Händen halten und über die Gesetze des Kosmos nachlesen. Jedoch herrschte hinsichtlich der Teilchen und Antiteilchen tatsächlich ein geringes Ungleichgewicht. Auf eine Milliarde Antiteilchen entfielen 1 000 000 001 Teilchen unserer gewöhnlichen Materie. Der Vernichtungskrieg der beiden Teilchenarten endete deshalb mit einem knappen Sieg der Teilchen über die Antiteilchen. Aus diesen verhältnismäßig wenigen der übriggebliebenen Teilchen müssen sich alle Erscheinungsformen des Universums, die Sternsysteme mit ihren Sternen, Gas und Staub, Planetensysteme usw. letztlich gebildet haben – zu einem sehr viel späteren Zeitpunkt allerdings.

Als die Temperatur schon soweit gesunken war, daß keine neuen Teilchen mehr entstehen konnten, bestand das Universum im wesentlichen aus Protonen, Neutronen, Myonen, Elektronen sowie Neutrinos und Photonen.

Die Protonen sind die positiv geladenen Bestandteile der Atomkerne, die Neutronen hingegen elektrisch neutrale Bausteine von Atomkernen. Die negativ geladenen Elektronen bewegen sich nach der klassischen (anschaulichen) Theorie von Bohr auf unterschiedlichen Bahnen um den Atomkern. Bei den Neutrinos handelt es sich um elektrisch neutrale Teilchen, die entweder überhaupt keine oder eine sehr geringe Masse besitzen – eine Entscheidung darüber ist von der Forschung noch nicht endgültig getroffen worden. Die Myonen sind extrem instabile Elementarteilchen, die binnen einer Millionstel Sekunde in andere Teilchen zerfallen.

Dann gelangte das expandierende Weltall in die sogenannte Strahlungsära. Bis zu einer Temperatur von 3 000 °C, ein Wert, der etwa nach 1 Million Jahren erreicht war, herrschte die Strahlung im Universum vor. In diesem frühen Stadium der Entwicklung des Weltalls entstanden die leichten Elemente Wasserstoff und Helium in ihrem typischen Masseverhältnis von rund 73 % zu 25 %. Dank unserer heutigen Kenntnisse über die Physik der Atome und Elementarteilchen überblicken wir mit großer Zuverlässigkeit auch die Vorgänge, die zu diesem Ergebnis geführt haben. Insofern ist das Masseverhältnis von Wasserstoff zu Helium auch ein wichtiger Beleg für die Richtigkeit unserer Vorstellungen über die Jugend des Universums.

Am Ende der Strahlungsära wurde das Weltall durchsichtig – die Strahlung konnte sich frei ausbreiten. Dann folgte jene kosmische Ära, in der wir uns auch gegenwärtig noch befinden, die sogenannte Materie-Ära. Was bis zu diesem Moment geschah, in dem das Weltall durchsichtig wurde, kann nur exotisch genannt werden. Es entzieht sich weitgehend der Anschaulichkeit und mancher Leser mag auch denken: Was will man über den Kosmos vor 15 Milliarden Jahren überhaupt aussagen, da doch niemand dabeigewesen ist, der das Geschehen bezeugen könnte? Dennoch haben wir gute Gründe, unserem Szenario zu trauen. Denn letztlich leiten wir alle Aussagen über die Vorgänge in der frühesten Zeit des Kosmos aus den Indizien ab, die wir heute vorfinden. Dazu zählen auch die physikalischen Gesetzmäßigkeiten, die wir in unseren Labors ausgekundschaftet haben. Insofern ist der anspruchsvolle Versuch, die Biographie des Universums zu schreiben, auch ein Musterbeispiel für die Vorgehensweise der Wissenschaft. An einem Beispiel wollen wir dies verdeutlichen: Das vereinfachte Szenario des Urknalls, wie wir es oben angedeutet haben, begegnet einer Reihe von Schwierigkeiten, weil es Dinge, die wir beobachten, nicht erklären kann. Dazu zählt z. B. die Homogenität des Weltalls und die Isotropie: Überall im Weltall herrscht im Durchschnitt die gleiche Dichte, keine Richtung ist vor irgendeiner anderen bevorzugt. Wie konnte es dazu kommen?, fragt man sich. Inhomogenitäten – die man eigentlich erwarten sollte – müßten in einer extrem frühen Phase des Universums ausgeglichen worden sein. Außerdem lehrt die Theorie, daß in der Anfangsphase des Weltalls besondere Teilchen entstanden sein müßten, die man als magnetische Monopole bezeichnet, von denen man aber bisher keines nachweisen konnte. Auch bleibt unerklärt, warum wir ein weitgehend flaches Universum beobachten, ein Weltall ohne Gesamtkrümmung.

Alle diese Fragen werden beantwortet, wenn man annimmt, daß in dem unvorstellbar kurzen Zeitraum von 10^{-35} s bis 10^{-33} s nach dem Urknall etwas Besonderes geschehen ist: Während dieser Zeit soll sich das Volumen des Universums auf das 10^{90}fache vergrößert haben. Man spricht von einer inflationären Phase der Expansion. Dadurch wäre der von uns überblickbare Teil des Weltalls tatsächlich praktisch ohne Krümmung. Das Weltall selbst müßte dann allerdings viel größer sein als jener Teil, den wir überblicken. Während wir nur 10^{10} Lichtjahre weit schauen können, hätte die „inflationäre Blase“ des Universums eine Ausdehnung von 10^{2000} Lichtjahren! Daß wir nur etwa 15 Milliarden Jahre weit in das Weltall schauen können, liegt einfach daran, daß das Licht mit seiner Geschwindigkeit von 300 000 km/s in der seit dem Beginn der Expansion verflossenen Zeit von rund 15 Milliarden Jahren auch nur 15 Milliarden Lichtjahre weit gekommen ist.

In der Materie-Ära des Weltalls haben sich nun all jene Erscheinungsformen herausgebildet, die wir kennen. In dieser Ära entstanden die Galaxien und in ihnen die Sterne. Wahrscheinlich kamen die Galaxien durch Dichteschwankungen der Materie zustande, Ungleichmäßigkeiten der Materieverteilung. Diese müssen von Anfang an vorhanden gewesen sein, durften sich allerdings nicht allzustark von einer gleichmäßigen Materie- und Energieverteilung unterscheiden. Andernfalls ließen sich z. B. die geringen Ungleichförmigkeiten in der Temperatur der sogenannten Hintergrundstrahlung nicht verstehen, die man gemessen hat. Sie müßten dann viel größer sein.

DIE KOSMISCHE HINTERGRUNDSTRAHLUNG

Aus allen Richtungen des Universums gelangt Radiostrahlung zu uns, die kein menschliches Auge wahrnehmen kann. Dennoch berichtet sie Wesentliches über die Lebensgeschichte des Kosmos.

Als die Meinungsschlachten der Anhänger verschiedener Theorien über das Weltall noch in vollem Gange waren, wurde eine Zufallsentdeckung zum Zünglein an der Waage: die 3-Kelvin-Strahlung.

Wir hatten festgestellt, daß unser Universum anfangs ein superheißes „Photonengas" gewesen ist. Die Expansion mußte natürlich dazu führen, daß die Temperatur dieses Gases immer geringer wurde. Die Entdeckung der Expansion des Weltalls durch Hubble gestattet es, durch Rückwärtsrechnen ein „Weltalter" zu ermitteln, d. h. eine Zeitspanne, seit der die Expansion anhält. Obwohl wir bis heute keinen genauen Zahlenwert für das Weltalter angeben können, besteht doch kein Zweifel daran, daß er etwa 15 Milliarden Jahre beträgt. Konkurrierende Theorien kommen zwar zu etwas anderen Ergebnissen, doch die Größenordnung ist stets dieselbe.

Somit läßt sich auch berechnen, auf welche Temperatur das ursprünglich extrem heiße Photonengas sich bis heute infolge der Ausdehnung des Weltalls abgekühlt haben müßte. Das Ergebnis lautet: Wir sollten gegenwärtig von einem Strahlungsfeld umgeben sein, das einer Temperatur von knapp 3 Grad der Kelvinschen Temperaturskala entspricht, d. h. einer Temperatur von rund –270 °C. Wie könnte man nun feststellen, ob dies tatsächlich so ist?

Jeder Körper strahlt elektromagnetische Wellen aus. Ein stark erhitzter Wolframfaden in einer klassischen Glühlampe sendet bekanntlich die Wellen des sichtbaren Lichts. Daneben werden aber auch elektromagnetische Wellen anderer Frequenzen abgestrahlt. So wissen wir z. B. aus dem Alltag, daß sich eine Glühlampe mehr oder weniger erhitzt, also Wärmestrahlung aussendet. Von weiteren Strahlungsarten bemerken wir zwar direkt nichts, aber entsprechende Geräte könnten auch diese nachweisen. Die meiste Energie wird jedoch im Bereich des sichtbaren Lichts abgestrahlt – darin besteht schließlich auch der Zweck einer Glühlampe. Damit dieser Zweck erreicht wird, muß die Temperatur der Wendel etwa 3 000 Grad betragen. Liegt sie wesentlich darunter, verschiebt sich das Maximum der Ausstrahlung zu längeren Wellen, also zu röterem Licht hin. Ein Strahler sehr niedriger Temperatur sendet nur noch im Bereich der Radiostrahlung. So sollte es auch mit dem früher so heißen Photonengas sein.

Wenn wir unsere Radioteleskope auf den Himmel richten, so sollten wir aus allen Richtungen eine Radiostrahlung empfangen, die dieser Temperatur eines strahlenden Körpers entspricht. Tatsächlich haben die beiden amerikanischen Physiker Arno Penzias und Robert W. Wilson im Jahre 1965 eine solche Strahlung im Mikrowellenbereich nachgewiesen. Die Strahlung stammt aus einer Zeit, die etwa 300 000 Jahre nach dem „Urknall" liegt, als das Universum durchsichtig wurde. Der Nachweis dieser „kosmischen Hintergrundstrahlung", für deren Entdeckung die beiden Physiker 1978 mit einem Nobelpreis geehrt wurden, wird allgemein als ein Überbleibsel des ehemals heißen Universums angesehen und gilt insofern als der schlagendste Beweis für die Richtigkeit der Urknall-Theorie.

Widerstreit der Theorien

Damit wurde vor allem eine wichtige konkurrierende Theorie widerlegt, die unter dem Namen Steady-State-Hypothese bekanntgeworden ist. Sie behauptet, das Weltall habe sich schon immer ausgedehnt und werde dies auch in aller Zukunft tun. Dennoch bliebe das Erscheinungsbild des Universums immer gleich, weil mit zunehmender Expansion zwischen den Galaxien immer neue Sternsysteme aus dem „Nichts" entstünden. Dies ist nach der Steady-State-Hypothese möglich, weil sich im Raum zwischen den Sternsystemen ständig neue Materie bildet. Diese Auffassung von der kontinuierlichen Entstehung neuer Materie stieß verständlicherweise bei vielen Physikern auf entschiedene Ablehnung. Doch die Urheber der Theorie verwiesen darauf, daß die Gegenhypothese von der Entstehung des gesamten Universums aus dem Urknall in einem einzigen Moment auch nicht plausibler sei.

Die Entdeckung der Hintergrundstrahlung hatte nun jedoch die Entscheidung zugunsten des „Urknalls" erbracht. Nachdem zunächst eine völlige Homogenität der Strahlung gefunden worden war, konnte nun aber der Satellit COBE (**Co**smic **B**ackground **E**xplorer) geringfügige Schwankungen in der Hintergrundstrahlung nachweisen. Diese betrugen nur ein 30 Millionstel Grad in den verschiedenen Teilen des Himmels. Damit war nun auch jene Forderung der Theoretiker erfüllt, die das Auftreten geringfügiger Fluktuationen verlangt hatten, um die spätere Herausbildung der Galaxien erklären zu können. Jetzt war klar, daß die heute beobachteten großräumigen Strukturen in Form von Keimzellen von Anfang an vorhanden waren. Damit galt das Urknall-Szenario als endgültig bestätigt.

QUO VADIS, UNIVERSUM?

„Nur wer die Vergangenheit kennt, kann in die Zukunft schauen". Gilt dieses Motto auch für das Universum? Gibt es überhaupt eine Möglichkeit, das erst noch Kommende in großem Maßstab im voraus zu wissen?

Nachdem das Kunststück gelungen war, durch Beobachtungen und Theorien die Geschichte des Universums fast 20 Milliarden Jahre hinein in die Vergangenheit zu verfolgen, drängte sich nun natürlich auch die Frage nach der Zukunft des Weltalls auf. Theoretisch ist dieses Problem ganz einfach lösbar, wenn man die mittlere Dichte der Materie im Universum kennt. Denn offensichtlich ist die Expansion des Weltalls auf die ihm beim „Urknall" vermittelte Energie zurückzuführen. Der Nebelflucht wirkt jedoch die Schwerkraft der Massen im Weltall entgegen, so daß es zu einer Abbremsung der Expansion kommen muß. Die Expansion kann also nicht zu allen Zeiten gleichschnell verlaufen sein. Vielmehr sollte sie in der Gegenwart geringer ausfallen als in früheren Zeiten.

Um theoretisch abschätzen zu können, ob die Ausdehnung des Universums letztlich den Sieg über die Anziehung der Massen davontragen wird, mithin die Expansion für alle Zeiten fortdauert oder nicht, benötigt man konkrete Kenntnisse. Einerseits muß man genau wissen, wie die Expansion eigentlich verläuft, d. h. um welchen Betrag die Geschwindigkeit der Galaxien mit zunehmender Entfernung ansteigt. Dies sagt uns die sogenannte Hubble-Konstante. Sie gibt an, um welchen Betrag die Geschwindigkeiten der Galaxien bei einer Entfernungszunahme um eine Million Parsec (1 Mpc = 3,26 Millionen Lichtjahre) zunimmt. Man kann aber auch berechnen, bei welcher kritischen Dichte der Materie im Weltall diese Expansion zum Stillstand kommt, so daß unser Universum wieder in sich zurückfällt. Leider sind die beiden Zahlen nur sehr schwer zu ermitteln. Über den Wert der Hubble-Konstanten gibt es seit längerem einen erbitterten Streit unter den Astrophysikern. Sicher ist, daß die Hubble-Konstante zwischen 55 km/(s · Mpc) und 100 km/(s · Mpc) liegt. Das bedeutet: Die Zunahme der Fluchtgeschwindigkeit der Galaxien beträgt zwischen 55 km/s und 100 km/s je eine Million Parsec. Sollte die wirkliche Expansion durch den kleineren Wert richtig wiedergegeben sein, würde die kritische Dichte der Materie im Weltraum rund $6 \cdot 10^{-30}$ g/cm^3 betragen. Falls jedoch 100 km/(s · Mpc) der richtige Wert der Hubble-Konstante ist, beträgt die kritische Dichte nur rund 210^{-29} g/cm^3. Das ist unvorstellbar wenig. Denken wir uns nämlich alle Galaxien mit ihren Sternen und Gaswolken gleichmäßig über das Volumen des Weltalls verteilt, so würden wir nur noch ein Atom in 10 Kubikmetern antreffen. Das entspricht einer einzigen Schneeflocke im Volumen unserer Erde. Bleibt die tatsächliche Dichte unter dem Wert der kritischen Dichte, sind die Massen des Universums nicht in der

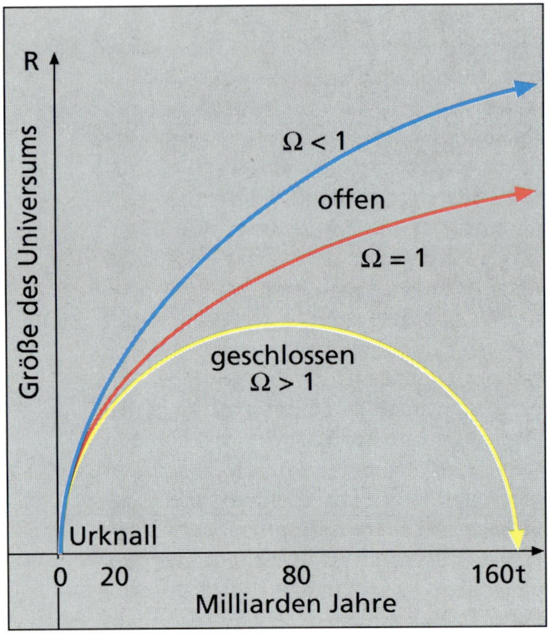

Das Schicksal des Universums. Für Omega < 1 dehnt sich das Universum ewig aus. Gilt die mittlere Kurve Omega = 1, so befinden wir uns in einem offenen Universum, dessen Expansion in unendlich ferner Zeit zum Erliegen kommt. Für Omega > 1 folgt eine Umkehrung der Expansion. Wir befinden uns in einem geschlossenen Universum.

Lage, die Expansion zum Stillstand zu bringen und das Weltall wird auf unendliche Zeiten immer größer und dünner.

Die Ermittlung der Hubble-Konstante erfordert genaue Entfernungsangaben der Objekte, deren Fluchtgeschwindigkeit man aus den Doppler-Verschiebungen der Spektrallinien bestimmt. Doch je größer die Entfernungen werden, um so ungenauer sind die Ergebnisse der Entfernungsmessungen (vgl. Kapitel „Entfernungen"). Hier werden möglicherweise die Auswertungen der Messungen des Hipparcos-Satelliten Besserung bringen. Was die kritische Dichte anlangt, so benötigen wir die Massen je Volumeneinheit. Dazu sind genaue Massebestimmungen ebenso notwendig wie die Kenntnis der jeweils erfaßten Volumina. Letzteres läuft wieder auf die Genauigkeit der Entfernungsbestimmungen von Galaxien hinaus. Doch gerade auch die Ermittlung der Massen ist ein großes Problem, wie wir bereits mehrfach erwähnten. Einerseits sind in den Tiefen des Universums unsichtbare Massen verborgen, deren Betrag wir zur Zeit nur schätzen können. Andererseits lauern vielleicht noch weitere Massen, die wir nicht sehen. Das Universum wimmelt nämlich nur so von Neutrinos, jenen elektrisch ungeladenen Elementarteilchen, die sich durch ihre besonders geringe Wechselwirkung mit Materie auszeichnen. Wegen dieser besonderen Eigenschaft (ein Neutrino kann ohne weiteres den gesamten Planeten Erde durchdringen, ohne irgendeine Wechselwirkung einzugehen) sind die Neutrinos besonders schwierig nachzuweisen. Lange Zeit wurde angenommen, daß Neutrinos keine Masse besitzen. Seit einiger Zeit mehren sich aber die Anzeichen dafür, daß die geheimnisvollen Partikel doch nicht ganz masselos sind. Selbst wenn die Neutrinos nur über eine sehr geringe Masse verfügen sollten, würde dies entscheidende Auswirkungen auf die mittlere Dichte der Materie im Universum haben. Somit kann die Frage nach der Neutrinomasse ebenso wie das Problem der dunklen Materie durchaus entscheidend für die Zukunft des Universums sein.

EIN EWIG EXPANDIERENDES WELTALL?

Nach gegenwärtigen Schätzungen könnte die mittlere Dichte des Universums gerade so beschaffen sein, daß die Galaxien zwar immer weiter expandieren, dabei aber ständig abgebremst werden und nach unendlicher langer Zeit zum Stillstand kommen. Nehmen wir einmal an, dies würde den Tatsachen entsprechen. Was geschähe dann bis in diese fernste Zukunft hinein?

Zweifellos sterben zunächst die jetzt aktiven Sterne. In etwa 10 Milliarden Jahren existiert keiner der heute vorhandenen Sterne mehr. Doch gleichzeitig hat sich eine neue Generation von Sternen aus der interstellaren Materie in den Galaxien gebildet. Der Vorrat an „Baustoff" nimmt aber immer weiter ab, so daß in etwa einer Billion Jahren die letzten Generationen leuchtender Gasbälle absterben und die Ära des strahlenden Weltalls zu Ende geht. Bis dahin werden die Distanzen der Galaxien untereinander so groß geworden sein, daß eine künftige Generation von Sternforschern selbst mit gigantischen Teleskopen nur noch schwächste Lichtfleckchen ausmachen könnte.

In hundert Billionen Jahren ist das Universum lediglich noch von erkalteten „Sternleichen" erfüllt. Aus den Weißen Zwergen sind erkaltete kleine schwarze Kugeln geworden, die keinerlei Strahlung mehr aussenden. Auch die Neutronensterne haben ihre Energie aufgebraucht und die Schwarzen Löcher sind so unsichtbar wie je. Die Planeten der erloschenen Fixsterne treiben in noch fernerer Zukunft durch die öden Weiten des Raumes, denn sie sind ihren einst strahlenden Sonnen nach 10 Billiarden Jahren längst entrissen worden. Dafür werden sehr nahe Begegnungen der Sterne untereinander gesorgt haben. Diese finden zwar in kürzeren Zeitabschnitten sehr selten statt, kommen aber in solch langen Zeiträumen häufig vor. Es ist anzunehmen, daß auch die Sternsysteme selbst durch solche Vorübergänge aneinander nach und nach weitgehend von Sternen entleert werden. Diese verlassen dann per „Gravitationsschleuder" ihren angestammten Platz und bewegen sich durch den intergalaktischen Raum. Der verbleibende Rest bewegt sich in das dichte Zentrum des verbleibenden Sternsystems, wo immer massereichere Schwarze Löcher entstehen. Die Galaxien in ihrer einstigen Struktur existieren also nicht mehr und in den trostlosen dunklen Weiten des Raumes taucht bestenfalls hin und wieder ein Röntgenblitz auf, wenn gerade ein ausgebrannter Stern von einem Schwarzen Loch aufgesogen wird. Das Weltall hat jetzt das zehnmilliardenfache seines heutigen Alters erreicht. Doch noch ist nicht das Ende aller Tage gekommen. Erst nach 10^{33} Jahren zerfallen nämlich die stabilsten Elementarteilchen, die Protonen. Nach 10^{100} Jahren sind schließlich alle Schwarzen Löcher „verdampft", auch die extrem massereichen ehemaligen Kerne der Sternsysteme. Neutrinos, Elektronen, Positronen und Photonen bleiben übrig, sind aber so außerordentlich verdünnt, daß der gegenseitige Abstand von Teilchen zu Teilchen etwa eine Million Lichtjahre betragen würde. Was dann noch geschehen könnte, ist weit spekulativer als alles bisher Vermutete. Jedenfalls werden Ereignisse irgendwelcher Art immer seltener. Das Universum geht dem Zustand der Zeitlosigkeit entgegen, erreicht ihn aber erst in einer unendlich fernliegenden Zukunft!

DAS ANDERE SZENARIO

Was aber, wenn die mittlere Dichte des Weltalls doch oberhalb des kritischen Wertes liegen sollte? Dann muß die gegenwärtig beobachtete Expansion letztlich durch die Massenanziehung zum Stillstand gebracht werden und in ihr Gegenteil – die Kontraktion – umschlagen.

Der Zeitpunkt, zu dem dieser Umschlag in die Phase der Zusammenziehung erfolgt, hängt natürlich von der mittleren Dichte der Materie ab. Je näher diese dem kritischen Wert kommt, umso länger kann die Expansion andauern, ehe sie durch die Massen des Weltalls gestoppt wird. Doch dann kommt es unweigerlich zum Kollaps. Die im Universum vorhandenen Lichtteilchen, die Photonen, gewinnen dabei an Energie und heizen die bereits ausgebrannten Sterne auf. Diese gelangen dadurch in einen Zustand des schnellen Brennens, so daß sie schließlich explodieren und verdampfen. Das Ergebnis ist eine „Teilchensuppe", wie wir sie auch schon aus der Frühphase der Expansion kennen. Beinahe könnte es scheinen, als liefe die ganze Entwicklung nun einfach rückwärts ab, als geschähe genau das Umgekehrte wie bei der Expansion. Doch dies ist nicht der Fall, denn das kontrahierende Universum ist voller Schwarzer Löcher, die in der Frühgeschichte des Universums fehlten. Diese saugen bei ansteigender Dichte des sich zusammenziehenden Weltalls immer mehr Materie auf und in diesen Massezentren verschwinden auch die verdampfenden toten Sterne. Das Ende ist eine Verschmelzung aller Schwarzen Löcher des Universums zu einem einzigen Schwarzen Loch.

Da die Physik noch keineswegs in der Lage ist, den Zustand unendlicher Dichte zu beschreiben, nehmen viele Theoretiker an, das Weltall könnte durch einen bisher noch nicht bekannten Mechanismus vor dem Erreichen einer unendlichen hohen Dichte auch wieder zurückprallen. Das würde bedeuten, daß nun eine neue Phase der Expansion folgt. Die Biographie des Universums beginnt von vorn. Da auch dieser Expansion eines Tages die Kontraktion folgen müßte, bildet sich ein Zustand der Oszillation heraus: Das Weltall schwingt zwischen Kontraktion und Expansion hin und her. Berechnungen zeigen allerdings, daß die erste auf die Zusammenziehung folgende Expansionsphase etwa zweimal solange dauern würde, wie die vorangegangene Expansion. Das bedeutet umgekehrt, daß frühere Expansionen sich in einer wesentlich kürzeren Zeit abspielten als die gegenwärtig gerade ablaufende. Damit jedoch in einem expandierenden Universum überhaupt Sterne entstehen können, ist eine Mindestzeit erforderlich. Daraus können wir schließen, daß seit dem Anfang aller Dinge höchstens hundert Zyklen vergangen sein können.

Vorausgesetzt wird dabei jedoch, daß sich das Universum überhaupt in einem oszillierenden Zustand befindet.

Wie übrigens der zyklisch immer wiederkehrende Urknall im einzelnen zustande kommen soll, das ist ein theoretisch noch ungelöstes Problem, das mannigfache Schwierigkeiten in sich birgt.

MENSCH UND WELTALL

SIND WIR ZUFÄLLIG ENTSTANDEN?

Jeder denkende Mensch hat sich wohl schon einmal Fragen nach der Beziehung von Mensch und Weltall gestellt. Wozu sind wir Menschen da, welche Rolle spielen wir im Weltganzen, gibt es in den Tiefen des Weltalls auch noch andere vernunftbegabte Wesen, wie könnten diese beschaffen sein, werden wir mit ihnen in Kontakt treten?

Diesen Fragen begegnen wir bereits seit Jahrtausenden. Doch unser Wissen über das Weltall, die dort vorkommenden Objekte und die sie beherrschenden Gesetze hat sich enorm ausgeweitet. Während wir in früheren Jahrhunderten bestenfalls in der Lage waren, Vermutungen und Spekulationen über diese Probleme anzustellen, können wir heute mancher dieser Fragen bereits mit den Hilfsmitteln exakter Wissenschaft gegenübertreten.
Offensichtlich leben wir in einem Universum, in dem die Bedingungen so beschaffen sind, daß es zur Entstehung von Leben und schließlich zum Heraustreten des Menschen aus der Tierwelt kommen konnte. Nur dadurch sind wir in der Lage, über das Universum überhaupt nachzudenken. Doch damit sich diese Entwicklung vom Urknall bis zum Auftreten des Menschen vollziehen konnte, war eine außerordentliche Feinabstimmung der Naturkonstanten, der Expansionsrate des Weltalls und vieler anderer Größen erforderlich. Machen wir uns dies an einigen Beispielen deutlich: Die Expansionsrate mußte aufs Genaueste mit der Materiedichte ausbalanciert sein. Wäre die Expansion wesentlich schneller erfolgt als wir sie tatsächlich beobachten, hätten sich die Gebiete mit höherer Dichte zu rasch ausgedehnt und es wäre nicht zur Entstehung von Galaxien gekommen. Eine zu langsame Ausdehnung des Weltalls hätte wiederum zur Folge gehabt, daß Gebiete erhöhter Dichte schnell zu Schwarzen Löchern kollabiert wären. In dem heute gültigen Modell des Universums mit Inflationsphase wäre es schon bei einer Verringerung um den unvorstellbar winzigen Betrag von 10^{-55} zu diesem Kollaps gekommen, der alle Blütenträume von künftigem Leben im Universum im Keim erstickt hätte.
Doch auch die vier Grundkräfte, die alles Geschehen von der Mikrowelt bis zu den fernsten Galaxien bestimmen, mußten ganz genau so beschaffen sein, wie wir sie vorfinden, damit wir Menschen in diesem Weltall eines Tages erscheinen konnten. Die starke Kernkraft etwa, die für die Bindung der Protonen und Neutronen im Atomkern zuständig ist oder die elektromagnetische Kraft, die den Aufbau der Atome und Moleküle sowie deren Wechselwirkung bestimmt. Wäre letztere um den unwahrscheinlich geringen Betrag von 10^{-41} stärker, so gäbe es nur kühle und rote Sterne. Im Weltall könnten sich keine Supernova-Explosionen ereignen

und somit auch keine schweren Elemente aufgebaut werden, die eine Voraussetzung für die Entstehung von Leben darstellen. Im anderen Fall einer geringfügig schwächeren elektromagnetischen Kraft würde es im Weltall nur zur Entstehung sehr heißer und massereicher Sterne kommen. Für die Entfaltung von Leben auf eventuell vorhandenen Planeten wären dies ungeeignete Bedingungen. Auch die Schwerkraft ist äußerst „sensibel" eingestellt. Bei einer nur wenig größeren sogenannten Gravitationskonstante als der tatsächlichen würden die Vorgänge in den Sternen so rasch ablaufen, daß nicht genügend Zeit für die Herausbildung von Leben auf Kohlenstoffbasis bliebe. Eine kleinere Gravitationskonstante wiederum ließe es gar nicht erst zur Zündung der Kernfusion im Inneren von Sternen kommen.
Auch die Baupläne der Biochemie sind sehr störanfällig. So ist z. B. die Herausbildung jener kleinsten Einheit der Erbinformation, die wir Gen nennen, bereits extrem unwahrscheinlich. Die Bildung eines menschlichen Gens jedoch ist noch viel unwahrscheinlicher. Wissenschaftler haben berechnet, daß die Wahrscheinlichkeit, ein einzelnes Gen zufällig auf der Erde zu erzeugen, bei 10^{-217} liegt. Unter dieser Zahl kann sich natürlich niemand etwas vorstellen. Ein wenig anschaulicher mag folgender Vergleich sein: Wenn die Natur ein menschliches Gen durch reines Ausprobieren zustande bringen sollte, würde dies 10^{62}mal soviel Zeit in Anspruch nehmen, wie die Erde schon besteht. Das menschliche Genom, die Gesamtheit aller menschlichen „Baupläne", enthält aber 110 000 Gene!
Daraus geht hervor, daß es eigentlich keinen deterministischen Weg, keine zwangsläufige Entwicklungslinie der Evolution gibt. Es scheint, als sei die Entstehung des Lebens, aber insbesondere auch der Weg von den einfachsten Lebewesen, den Einzellern, bis hin zum Menschen völlig unvorhersehbar gewesen. Der amerikanische Evolutionsforscher Ernst Mayr hat dies in die Worte gekleidet: „Es ist höchst bemerkenswert, daß bezüglich des Lebens auf der Erde 3 Milliarden Jahre lang nichts sonderlich Aufregendes passierte. Vom Ursprung des Lebens bis zur Entstehung der Vielzeller vergingen etwa zwei Drittel des Alters der Erde ohne auffällige Ereignisse ... Wenn Evolutionsforscher irgend etwas von der genauen Erforschung der Evolution gelernt haben, dann ist es die Lektion, daß der Ursprung neuer Arten hauptsächlich ein zufälliges ... Ereignis ist".
Setzen wir die 4,5 Milliarden Jahre der Existenz unserer Erde einem einzigen Jahr gleich, so ist die Herausbildung intelligenter Lebewesen tatsächlich ein erstaunliches Ereignis. In diesem Kalender, bei dem jede Minute rund 9000 Jahren entspricht, taucht der Homo sapiens nämlich erst am 31. Dezember, dreieinhalb Minuten vor Mitternacht, auf. Dabei fällt auf, daß die Wahl des richtigen Zeitpunktes für die Entstehung der Intelligenz höchst präzise getroffen wurde. Die Erde muß nämlich außer den zahlreichen sonstigen Voraussetzungen eine geeignete Biosphäre aufweisen. Während die Lebensdauer der Sonne in dem gewählten Maßstab nochmals rund 365 Tage betragen wird, kann sich die lebensnotwendige Biosphäre nach heutigen

Schätzungen höchstens noch 3,5 Minuten behaupten. Hätte die Erde gegenüber dem wirklichen Wert einen um 1 % größeren Abstand von der Sonne, so wäre bereits vor 2 Milliarden Jahren eine massive Vergletscherung eingetreten und der Homo sapiens wäre nie entstanden. Ein 5 % geringerer Erdabstand hingegen wäre mit einem Treibhauseffekt vor 4 Milliarden Jahren verbunden gewesen, der ebenfalls die Entwicklung des Menschen verhindert hätte.

Angesichts all dieser Merkwürdigkeiten haben nun Wissenschaftler das Anthropische Prinzip formuliert. Es besagt, daß das Universum genau jene Eigenschaften aufweisen muß, die es ihm erlauben, in irgendeinem Stadium seiner Geschichte Leben zu entwickeln. Offensichtlich ist dies in unserem Universum der Fall, sonst wären wir nicht vorhanden.

Doch es drängt sich die Frage auf: Wie kann man sich diese Tatsache erklären? Folgende Antworten sind möglich:

- Es handelt sich um einen reinen Zufall. Deshalb besteht auch keinerlei Aussicht, durch Nachforschen einen Grund für die unwahrscheinlichen Übereinstimmungen zu finden. Wir müssen diese Tatsache einfach hinnehmen.
- Das Universum besitzt ein Entwicklungsziel – den Menschen. Dieses Ziel wird durch eine Art „transzendenten Gott“ erreicht, der für die notwendigen Parameter sorgt.

Beide Antworten sind wenig befriedigend. Obwohl es unwahrscheinliche Zufälle geben kann, haben doch extrem unwahrscheinliche Übereinstimmungen immer eine Ursache. Im zweiten Fall, der die Feinabstimmung der Parameter des Universums einem gedachten höheren Wesen zuschreibt, wird der naturwissenschaftliche Erklärungsrahmen völlig verlassen. Übrigens wird die eigentliche Frage nur verschoben: Der Urheber der Feinabstimmung müßte nämlich ebenso komplex sein wie die Welt, die er plant. Darüber hinaus gibt es keine Antwort auf die Frage, warum dieses höhere Wesen gerade solche Bedingungen für das Universum gewählt hat, die zum Menschen führen.

Neuerdings wird aber auch eine dritte Antwort diskutiert, die von der Naturwissenschaft selbst stammt und zunächst atemberaubend phantastisch klingt: Unser Universum ist nicht das einzige existierende, sondern nur eines von vielen. Die Naturgesetze in den anderen Universen mögen andere sein, auch die Eigenschaften dieser Universen selbst. Doch sie alle beherbergen keine Lebewesen. Mit dieser Antwort der Wissenschaft befassen wir uns etwas näher.

GIBT ES MEHR ALS EIN UNIVERSUM?

Auf den ersten Blick scheint die Möglichkeit der Existenz mehrerer Universen widersinnig zu sein. Als „Universum" definieren wir ja gerade das Ganze, das keine Mehrzahl mehr kennt. Doch diese Definition könnte sich im Lichte moderner naturwissenschaftlicher Erkenntnisse durchaus als historisch beschränkt und letztlich sogar falsch erweisen. Um dies zu verstehen, müssen wir uns noch einmal dem Urknall zuwenden.

Zwei häufig gestellte Fragen lauten: Wie kam es überhaupt zum Urknall und damit zum Beginn der Lebensgeschichte der Welt im Großen und was war vorher? Die letztere der beiden Fragen ist einfach zu beantworten, wenn auch schwer zu verstehen: Ein „Vorher" hat es nicht gegeben, denn mit dem Universum entstanden nicht nur Materie und Raum, sondern auch die Zeit. Wenn also die Zeit überhaupt erst mit dem Beginn des Urknalls einsetzt, kann man nicht nach „vorher" fragen. Doch die Ursache des Beginns der Welt liegt in einer sogenannten Quantenfluktuation. Die Wissenschaft geht heute mit gutem Grund davon aus, daß es das absolute „Nichts" nicht gibt, auch nicht den „leeren Raum", wie ihn sich die klassische Physik vorstellt – einen Raum, in dem sich einfach nicht das Geringste befindet. Das Vakuum der Quantenphysik ist ein Zustand niedrigster Energie. Doch einen Wert dieser Energie kann man nicht angeben, weil er immer hin- und herschwankt. In diesem Schwanken (Fluktuation) bilden sich auch ständig Teilchen, die aber gleich wieder zerfallen. Haben diese spontan entstehenden virtuellen Teilchen eine große Energie und folglich auch Masse, so existieren sie kürzer als bei niedrigerer Energie. Im Bereich extrem kleiner Dimensionen (10^{-33} cm und 10^{-43} Sekunden) können weder Orte noch Zeiten mit größerer Genauigkeit angegeben werden als durch diese Dimensionen vorgegeben. Raum- und zeitartige Distanzen sind ununterscheidbar; Ereignisse zeitlich nicht zu ordnen. Die Entstehung des Universums war also eine Schwankung des Quantenvakuums, ein spontaner Vorgang ohne einen „Grund" im Sinne der klassischen Physik, weil das „Nichts" der Physiker alle Möglichkeiten für alle Teilchen und Kräfte in sich birgt. Doch es wird immer paradoxer: Die Zahl der Dimensionen des Raumes dieses Quantenvakuums ist beliebig groß und unbestimmt. Die „Geburt" des Universums aus einer Schwankung dieses Quantenvakuums kann zu einem Raum mit vielen Dimensionen führen, von denen zehn real werden, aber nur vier zu expandieren beginnen. Damit ist ein Universum mit drei Raum- und einer Zeitdimension entstanden, während sich die restlichen sechs Dimensionen in den Eigenschaften der Elementarteilchen verbergen.

Dieser Vorgang könnte sich aber ebensogut auch mehrfach abgespielt haben, jedesmal mit dem Ergebnis eines anderen Universums. Und wo befinden sich diese Universen? Wir wissen es nicht, denn mit den Koordinaten unseres Universums – drei des Raumes und eine der Zeit – können wir auch nur Ereignisse in unserem Universum beschreiben. Es ist denkbar, daß andere Universen existieren und sich wieder einmal erweist: Was wir bisher für **die** Welt schlechthin hielten, ist vielleicht nur eine Episode in einem viel komplexeren Multiversum.
Manche Physiker unserer Tage gehen noch weiter. Sie behaupten, daß sich auch unser eigenes Universum dauernd in weitere Universen aufspaltet, die gleichsam Parallelwelten zu unserer eigenen darstellen. Die Universen, die sich von unserem abspalten, haben keinerlei Beziehungen untereinander und auch nicht zu unserem eigenen Kosmos. Deshalb sind auch vorläufig keinerlei Möglichkeiten für uns in Sicht, von den anderen Universen irgendetwas zu bemerken. Der berühmte britische Astrophysiker Sir Martin Rees findet es immerhin bemerkenswert, „daß wir eine Ahnung von anderen Universen bekommen haben und vielleicht etwas über sie herleiten können. Wir können den Umfang und die Grenzen einer endgültigen Theorie herleiten, auch wenn wir noch weit davon entfernt sind, sie zu formulieren – selbst wenn sie unserem intellektuellen Fassungsvermögen für immer verschlossen bleiben sollte".

GIBT ES PLANETEN BEI FERNEN SONNEN?

Planeten bewegen sich als Satelliten auf elliptischen Bahnen um Fixsterne. Doch eigentlich kennen wir nur ein einziges Exemplar eines solchen Planetensystems: unser eigenes. Bei der Suche nach Leben im All spielt die Suche nach fremden Planeten eine erhebliche Rolle.

Gerade wenn wir Menschen das Produkt einer in den Konstanten des Universums bereits angelegten Entwicklung sein sollten, dürfen wir vermuten, daß sich ähnliche Vorgänge wie auf dem Planeten Erde auch andernorts abgespielt haben. Machen wir zur Grundlage unserer Überlegungen, daß Leben stets auf Kohlenstoffbasis entsteht und grenzen wir den Begriff des intelligenten Lebens bewußt auf das ein, was wir kennen, nämlich das irdische Exemplar einer technischen Zivilisation. Dann erhebt sich zunächst die Frage, ob es bei fernen Sonnen überhaupt Planeten gibt, die als Träger von Leben notwendig sind. Man sollte vermu-

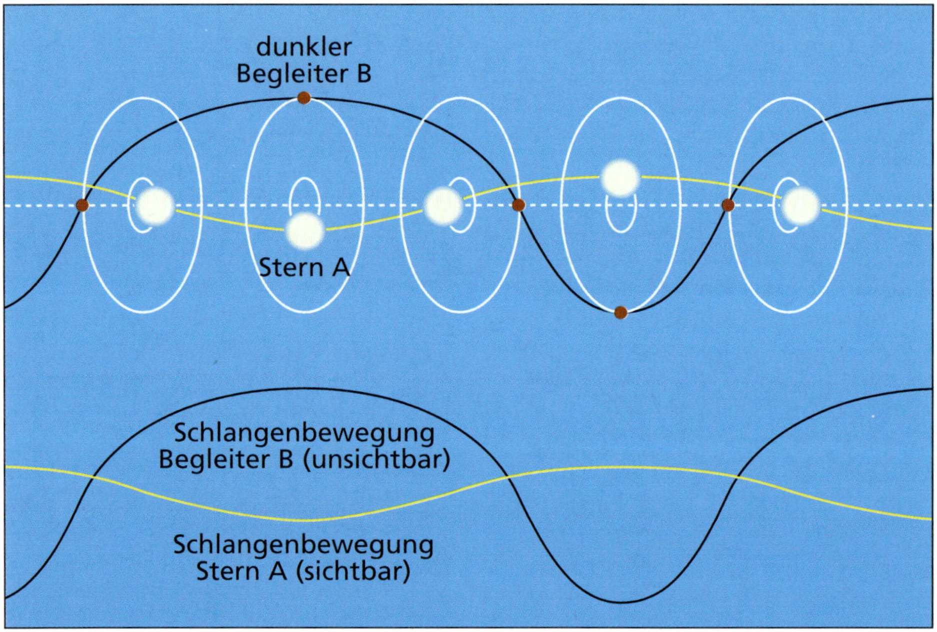

„Schlangenbewegungen" eines Sterns mit einem Begleiter: Diese Form der Eigenbewegung verrät uns das Vorhandensein eines dunklen Begleiters.

ten, daß diese Frage mit den heutigen Hilfsmitteln der beobachtenden Astronomie leicht zu beantworten ist. Die großen Teleskope – so denken viele – müßten doch in der Lage sein, wenigstens bei nahegelegenen Sonnen das Vorkommen von Planeten entweder zu beweisen oder auszuschließen. Dem ist jedoch leider nicht so. Selbst die leistungsstärksten Teleskope könnten die Existenz von Planeten nicht einmal bei dem nächstgelegenen aller Fixsterne bezeugen. Planeten sind im Verhältnis zu ihrem Zentralstern sehr klein und senden lediglich das reflektierte Licht ihrer Sonne in das Weltall hinaus. Außerdem sind die Abstände der Planeten von ihrem Zentralgestirn so gering, daß sie aus großen Distanzen von der jeweiligen Sonne überstrahlt würden. Von der Entdeckung fremder Planeten einfach mittels Blick durchs Fernrohr kann also gar keine Rede sein.

Dunkle Begleiter von Fixsternen verraten sich auf andere Weise: Sie stören die Eigenbewegungen der jeweiligen Zentralsonne. Wie unsere Sonne, so rasen auch die anderen Sterne auf ihren Bahnen um das Zentrum des Sternsystems. Eine Komponente dieser Raumbewegung können wir direkt beobachten: die Eigenbewegung. Kommt ein Stern als Einzelgänger vor, erwarten wir eine geradlinige Ei-

genbewegung. Ist er aber von einem oder mehreren anderen dunklen Körpern umgeben, so verläuft seine Eigenbewegung in Form einer Schlangenlinie. Aus deren Vermessung kann man Angaben über die Zahl und die Massen der unsichtbaren dunklen Körper ableiten. Auf diese Weise sowie auch durch die Anwendung anderer Methoden sind mehrere Sterne entdeckt worden, die offensichtlich das Zentrum eines Planetenystems darstellen.
Gegenwärtig kennen wir 21 solcher Objekte, bei denen höchstwahrscheinlich planetenartige Begleiter vorkommen. Die Massen dieser Objekte liegen zwischen etwa der halben Jupitermasse und dem 60fachen davon.
Inzwischen gibt es aber noch andere indirekte Hinweise darauf, daß die Herausbildung von Planetenystemen offenbar ein weitverbreiteter Vorgang im Weltall ist. Bei einigen Sternen hat man nämlich scheibenartige Objekte festgestellt, die offensichtlich ein Planetensystem im Vorgang der Geburt darstellen. Nach den herrschenden Theorien der Entstehung eines Planetensystems bildet sich dieses nämlich gleichzeitig mit der Zentralsonne heraus. Deshalb sollte bei manchen noch jungen Sternen ein solcher Prozeß gerade im Gange sein. Die präplanetaren Scheiben, die z. B. durch das Hubble-Space-Teleskop entdeckt wurden, bestätigen diese Vermutung. Dies alles deutet darauf hin, daß Planetensysteme eine normale Erscheinung im Universum sein könnten; wirkliche Beweise für diese Annahme stehen aber noch aus.
Könnte sich auf diesen Planeten Leben entwickelt haben? Nachdem wir festgestellt haben, daß dem Universum offensichtlich die Voraussetzungen für die Entstehung von Leben in die Wiege gelegt sind, wollen wir sein Vorkommen natürlich nicht auf den Planeten Erde beschränkt wissen. Warum sollte unser Planet, der im Laufe der jahrtausendelangen Geschichte der Forschung sonst jede einst geglaubte Sonderstellung verloren hat, gerade in dieser Hinsicht eine Ausnahme bilden? Doch zweifellos ist es für die Entstehung von Leben der einzigen uns bekannten Art erforderlich, daß die Bedingungen auf einem dafür in Frage kommenden Planeten denen möglichst ähnlich sind, die wir von der Erde ken-

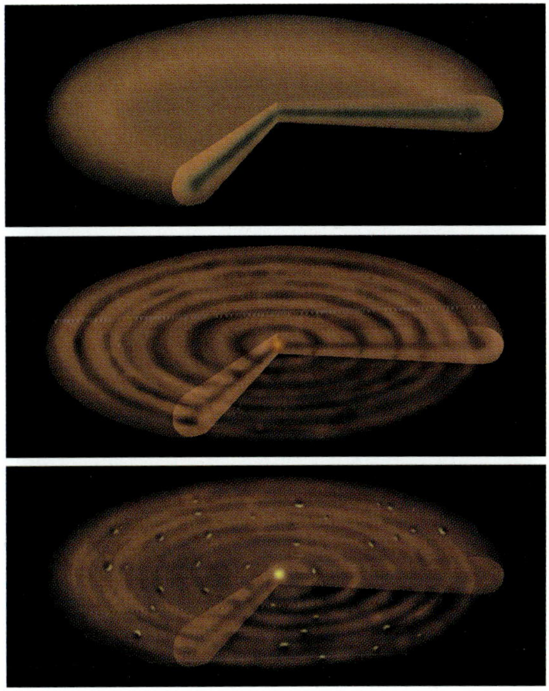

So stellt man sich die Geburt eines Planetensystems vor.

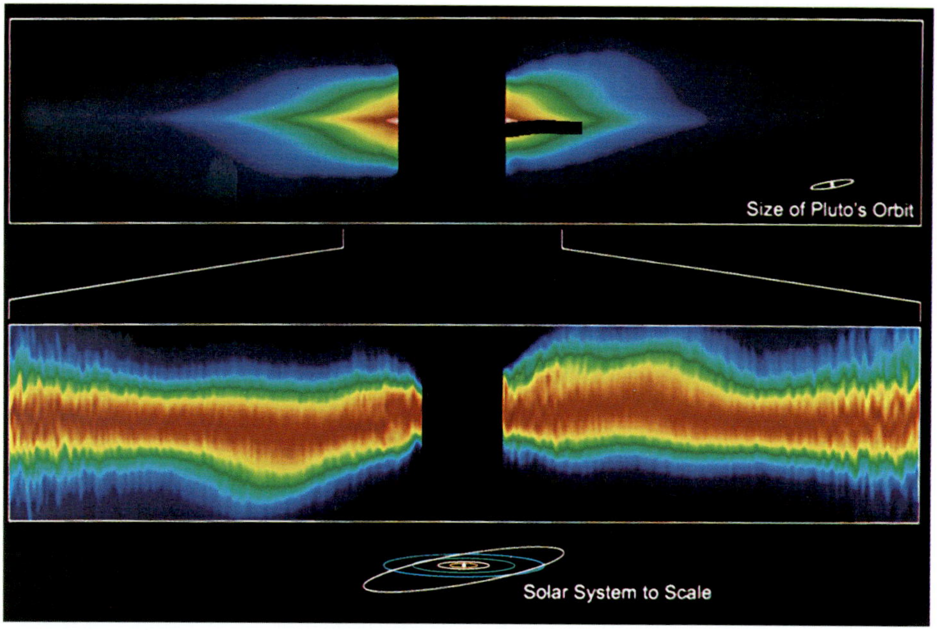

Die präplanetare Scheibe um den Stern Beta-Pictoris, der sich in rund 50 Lichtjahren Entfernung von uns befindet.

nen. Dazu muß der Planet zunächst in einem eng begrenzten Abstandsbereich um seinen Zentralstern kreisen. Dieser Bereich ist vor allem durch seine Temperaturen gekennzeichnet. Leben auf Eiweißbasis verträgt keine Temperaturen, die wesentlich über 100 °C und wesentlich unter 0 °C liegen. Durch diese Einschränkung würde ein erheblicher Teil der gedachten Planeten ausscheiden. 70 % aller Sterne sind nämlich so kühl, daß jener Bereich, in dem die erforderlichen Temperaturen erreicht werden, nur einen sehr geringen Abstand vom Zentralstern aufweist, etwa der Bahn des Planeten Merkur entsprechend. Dort herrscht aber durch Gezeitenkräfte eine extrem starke Abbremsung der Rotation, so daß es zu sehr langen Tagen und Nächten käme. Die Folge wären starke Temperaturschwankungen in einem sehr langsamen Rhythmus – äußerst ungünstige Bedingungen für die Entstehung von Leben. Selbst wenn die weitere wissenschaftliche Forschung erweisen sollte, daß ein beträchtlicher Prozentsatz aller Sterne von Planetensystemen umgeben ist, bedeutet dies noch lange nicht, daß Leben ebenfalls sehr häufig vorkommt. Doch bleiben wir optimistisch und nehmen deshalb an, daß immerhin ein bemerkenswerter Anteil der bei Sternen vorkommenden Planeten alle Voraussetzungen für die Entstehung von Leben in sich birgt. Dann mögen sich auf vielen Planeten einfachste Erscheinungsformen des Lebens herausgebildet haben. Doch folgt daraus auch, daß sich diese Anfänge bis zu denkenden Wesen fortsetzen? Oder müssen wir nicht vielmehr einräumen, daß die Wahrscheinlichkeit für diesen Prozeß auch sehr niedrig liegen könnte: Selbst von der Entstehung denkender Wesen ist es noch ein weiter Weg bis zu einer technischen Zivilisation. Auf unserem Planeten haben Hochkulturen bestanden, die erstaunliche Leistungen auf vielen Gebieten der Kultur und Wissenschaft vollbrachten. Doch sie mußten die historische Bühne wieder verlassen, ohne den Weg zu einer technischen Zivilisation weitergegangen zu sein. Seien es die alten ägyptischen Reiche, die Kultur der Azteken und Mayas oder die Ureinwohner Australiens, die Aborigines. Gerade letztere in ihrer zigtausendjährigen Isolation auf der größten Insel der Erde sind ein Musterbeispiel dafür, wie eine intelligente Rasse in einer gewissen Selbstgenügsamkeit keinerlei Wege zur Entwicklung von Wissenschaft und Technik einschlägt, weil diese für ihre Lebensform und unter ihren Lebensbedingungen nicht erforderlich sind.

WIE WIR VON KOSMISCHEN BRÜDERN ERFAHREN KÖNNEN

Wenn wir nun nach all diesen Überlegungen noch den Anspruch erheben, mit unseren möglicherweise existenten „kosmischen Brüdern" in Kontakt treten zu wollen, dann müssen diese auch über eine möglichst lange zeitliche Distanz als technische Zivilisation vorhanden sein.

Damit kommt eine besonders problematische Frage zur Sprache: Kann eine einmal entstandene technische Zivilisation die Existenzrisiken erfolgreich bewältigen, die sie selbst heraufbeschwört? Auch hier brauchen wir nur wieder an unsere eigene Zivilisation zu denken. Kaum 100 Jahre bestehen wir als eine technische Zivilisation, die mit dem Hilfsmittel der Radiotechnik die Voraussetzung für interstellare Kommunikation besitzt. Doch schon werden existenzielle Probleme auf unserem Planeten sichtbar: Die Gefahr einer Selbstvernichtung durch nukleare Kriege ist ebenso real wie die Vernichtung der ökologischen Grundlagen unseres Lebens.

Im Jahre 1961 traf sich eine Expertengruppe vom nationalen Radioobservatorium in Green Bank (USA), um sich mit der Frage zu beschäftigen, wie viele hochentwickelte Zivilisationen wohl in unserem Sternsystem bestehen. Dabei entstand eine Formel, in die alle soeben besprochenen Fakten Eingang gefunden haben. Die Formel gestattet somit tatsächlich, die Zahl der in unserem Sternsystem vorkommenden technischen Zivilisationen abzuschätzen. Die Betonung liegt allerdings auf schätzen. Denn noch kennen wir die einzelnen Größen der Formel (z. B. die Anzahl der Planeten bei fernen Sonnen) nicht mit der erforderlichen Exaktheit, um von einer „Berechnung" auf der Grundlage von unabweisbaren Tatsachen sprechen zu können. Der Faktor mit der größten Unsicherheit ist jedoch die Existenzdauer einer technischen Zivilisation. Die bisherige Geschichte der Menschheit lehrt jedenfalls, daß Kriege – so unerwünscht sie auch sein mögen – zum „normalen Alltag" gehören. Ein wirksames Mittel zu ihrer Verhinderung ist noch nicht gefunden worden, wohl aber eine bis zur Möglichkeit der vollständigen Ausrottung der Menschheit gesteigerte Kriegstechnik!

Um es kurz zu sagen: Wieviele technische Zivilisationen gegenwärtig in unserem Sternsystem existieren, wissen wir nicht. Es könnten sehr viele sein – es ist aber auch denkbar, daß die Menschheit des Planeten Erde die einzige technische Zivilisation in der Galaxis darstellt.

Alle theoretischen Diskussionen um diese Frage wären natürlich mit einem Schlag beendet, wenn es uns gelingen würde, Signale aus dem Universum zu empfangen, die zweifelsfrei künstlichen Ursprungs sind. Dann wüßten wir nämlich, daß sie von intelligenten Lebewesen, die über eine hochentwickelte Technik verfügen, ausgesendet worden sein müssen. Deshalb bemüht man sich seit längerem, solche Signale zu entdecken. Doch auch hier türmen sich viele Fragen und Probleme auf: In welchen Kanälen des elektromagnetischen Spektrums soll man suchen? Auf welche Gegenden des Himmels oder Objekte sollte sich die Suche orientieren? Vielleicht ist schon die Überlegung falsch, radioastronomische Technik für die Suche einzusetzen, weil die gesuchten Intelligenzen sich in einem technisch viel weiter fortgeschrittenen Stadium ihrer Entwicklung befinden und Radiosignale für veraltet und ungeeignet halten, um auf sich aufmerksam zu machen. Möglicherweise sind sie aber auch gar nicht daran interessiert, entdeckt zu werden.

Die Antwort auf diese Fragen ist schwierig. Deshalb haben sich die Pragmatiker auch entschlossen, einfach mit dem Suchen zu beginnen. Finden sie etwas, ist das Ziel erreicht. Finden sie allerdings nichts, ist damit noch keineswegs der Beweis erbracht, daß keine intelligenten Lebewesen existieren.

Anläßlich des 500. Jahrestages der Entdeckung Amerikas wurde im Jahre 1992 mit dem Suchprogramm SETI (**S**earch for **E**xtra**t**errestrial **I**ntelligence) begonnen. Dazu wurde das größte Radioteleskop der Welt, der 300-m-Spiegel in Puerto Rico eingesetzt. In einem Umkreis mit 80 Lichtjahren Radius wurden alle sonnenähnlichen Himmelskörper für 15 Minuten Dauer in zwei Millionen Kanälen gleichzeitig abgesucht. 100 Millionen Dollar wurden in das Programm investiert.

Allerdings gab es auch kontroverse Diskussionen, vor allem was die Störanfälligkeit der Suche anlangt. Man wies zu Recht darauf hin, daß man unter den zahlreichen Signalen hauptsächlich irdische vorfinden würde. Die Empfindlichkeit der Empfängeranlage war nämlich so groß, daß sich ein Anlasser für Automotoren noch aus 40 000 km Entfernung bemerkbar macht. Deshalb müssen u. a. Vorkehrungen getroffen werden, um diese Signale von kosmischen Informationen sicher zu trennen.

Tatsächlich hat weder dieses Suchprogramm noch irgendein anderes bisher Signale eindeutig künstlichen Ursprungs nachweisen können. In den wenigen Fällen, die für die künstliche Herkunft einzelner Signale zu sprechen schienen, gelang es niemals, dieselben Signale noch ein zweites Mal zu empfangen. So hat man z. B. im Rahmen des Projekts META (**M**egachannel **E**xtra **T**errestrial **A**ssay) den Himmel auf 8,4 Millionen Frequenzen in extrem schmalbandigen Kanälen abgesucht. Man kann davon ausgehen, daß es in der Natur keine Prozesse gibt, die derartig schmalbandige Signale zu erzeugen vermögen. Von den zahlreichen empfangenen Signalen blieben nach Abzug aller Störgrößen nur mehr vier übrig. Doch auch diese wurden später niemals wiedergefunden. Andererseits darf dieser Umstand nicht verwundern. Verglichen mit den kosmischen Zeitskalen suchen wir ja erst seit extrem kurzer Zeit, und es wäre eher verblüffend, wenn wir jetzt schon über eindeutige Ergebnisse verfügten. Leider stehen für die Suchprogramme wenig finanzielle Mittel zur Verfügung, und die staatlichen Geldgeber sind in der gegenwärtigen wirtschaftlichen Situation weder in den USA noch in anderen Ländern davon zu überzeugen, daß solche Suchprogramme Priorität erhalten sollten.

Dennoch verdienen sie nicht nur Aufmerksamkeit, sondern jede Unterstützung. Die Frage nämlich, ob wir allein oder vielleicht auch nicht allein im Universum sind, dürfte zu den großen Abenteuern der Forschung gehören. Eine wissenschaftlich zuverlässige Antwort würde das Leben der Menschheit wohl maßgeblich beeinflussen und möglicherweise einen weltweiten Denkprozeß auslösen, der wahrhaft schicksalhafte Bedeutung für uns alle haben könnte.

ANHANG

LITERATUR

Wer über die im vorliegenden Einführungsbuch beschriebenen Fakten mehr wissen will, greife zur weiterführenden Spezialliteratur. Die nachfolgend aufgeführten Bücher sind durchweg allgemeinverständlich geschrieben, setzen jedoch gelegentlich auch Grundkenntnisse der Nachbarwissenschaften der Astronomie voraus. Natürlich erhebt die Liste keinerlei Anspruch auf Vollständigkeit. Außerdem sei darauf hingewiesen, daß die in Büchern beschriebenen Tatsachen durch die schnellen Fortschritte der Wissenschaft rasch veralten. Deshalb sollte der an neuesten (wenn auch nicht immer schon gesicherten) Erkenntnissen interessierte Leser auch zu Zeitschriften greifen. In Deutschland gibt es zwei hervorragende Journale, die ein ausgezeichnetes wissenschaftliches Niveau mit weitgehender Verständlichkeit der Darstellung vereinen: „Sterne und Weltraum. Zeitschrift für Astronomie" (Verlag Sterne und Weltraum Dr. Vehrenberg, München) und „Astronomie + Raumfahrt im Unterricht" (Friedrich Verlag Velber). Letztere ist besonders für Lehrer geeignet, da hier neben fachwissenschaftlichen Artikeln auch Beiträge für den Schulunterricht aus der Feder namhafter Didaktiker erscheinen.
Aktuelle Entwicklungen der Astronomie werden auch in folgenden jährlich erscheinender Sternkalender behandelt.

Jahrbücher

Hans-Ulrich Keller, Das Himmelsjahr. Stuttgart
Ahnerts Sternkalender für Sternfreunde. Heidelberg/Leipzig
Rainer, Luthardt, Sonneberger Jahrbuch für Sternfreunde, Frankfurt/Main

Allgemeines/Geschichte

Astronomie, Sek II. Paetec Gesellschaft für Bildung und Technik. Berlin, 1997
Martin Harvit, Die Entdeckung des Kosmos. Geschichte und Zukunft astronomischer Forschung. München/Zürich, 1983
Dieter B. Herrmann, Geschichte der modernen Astronomie. Berlin, 1984
Joachim Herrmann, Bertelsmann-Lexikon Astronomie. Gütersloh. 1993
Rudolf Kippenhahn, Abenteuer Weltall. Stuttgart 1991
Joachim Herrmann, Das Weltall in Zahlen. Tabellenbuch für Sternfreunde. Stuttgart, 1986
Hans-Ullrich Keller, Astro-Wissen. Zahlen, Daten, Fakten. Stuttgart, 1994
Wie der Astronom das Weltall erforscht
Gerhard Hartl u. a., Welten, Sterne, Welteninseln. Astronomie im Deutschen Museum, München und Stuttgart, 1993
G. L. Verschnuur, Die phantastische Welt der Radioastronomie. Ein neues Bild des Universums. Basel u. a., 1988

Das Sonnensystem
Rudolf Kippenhahn, Der Stern, von dem wir leben. Den Geheimnissen der Sonne auf der Spur. Stuttgart, 1990
John S. Levis, Bomben aus dem All. Die kosmische Bedrohung. Basel/Boston/Berlin, 1997
J. Kelly Beatty u. a. (Herausgeber), Die Sonne und ihre Planeten. Weltraumforschung in einer neuen Dimension. Weinheim, 1983

Das Milchstraßensystem
J. V. Feitzinger, Unterwegs auf der Milchstraße. Die Erkundung unserer Galaxis. Stuttgart 1993
Woldemar Götz, Die offenen Sternhaufen unserer Galaxis. Leipzig, 1989
Norbert Langer, Leben und Sterben der Sterne (= Beck'sche Reihe, Bd. 2020). München, 1990

Biographie des Universums
John Gribbin, Am Anfang war ... Neues vom Urknall und der Evolution des Kosmos. Basel/Boston/Berlin, 1995
Martin Rees, Vor dem Anfang. Eine Geschichte des Universums. Frankfurt/Main, 1998
James Trefil, Im Augenblick der Schöpfung. Physik des Urknalls von der Planck-Zeit bis heute. Basel/Boston/Stuttgart, 1984
Kosmologie (Spektrum der Wissenschaft: Verständliche Forschung) Struktur und Entwicklung des Universums, 4. Auflage, Heidelberg, 1988
Dieter B. Herrmann, Antimaterie – auf der Suche nach der Gegenwelt (Becksche Reihe Bd. 2104), München 1999
Steven Weinberg, Die ersten drei Minuten, München, 1986

GLOSSAR

Abendstern – Als Abendstern wird in der Literatur die Venus bezeichnet, wenn sie östlich der Sonne steht und somit am Abendhimmel sichtbar ist.

Absolute Helligkeit – Scheinbare Helligkeit, bezogen auf eine Einheitsentfernung von 10 Parsec (= 32,6 Lichtjahre). Die Absolute Helligkeit eines Sterns, der weiter als 32,6 Lichtjahre entfernt steht, ist größer als seine scheinbare Helligkeit. Hingegen ist die Absolute Helligkeit eines Sterns, der sich weniger als 32,6 Lichtjahre von uns befindet, geringer als seine scheinbare Helligkeit.

Antiteilchen – Elementarteilchen, die in allen Eigenschaften bis auf die Ladung (oder so genannte ladungsartige Größen) miteinander übereinstimmen. Das Antiteilchen des elektrisch negativ geladenen Elektrons ist das elektrisch positiv geladene Positron. Da zu allen Elementarteilchen, aus denen die Materie aufgebaut ist, auch Antiteilchen existieren, können auch ganze Atome aus Antiteilchen aufgebaut werden. Das sind die Atome der Antimaterie.

Asteroiden (auch Planetoiden und Kleine Planeten) – Synonym für die Gruppe der kleinen Planeten, Himmelskörper des Sonnensystems, die sich zum großen Teil zwischen den Bahnen der Planeten Mars und Jupiter um die Sonne bewegen.

Astronomische Einheit (AE) – Mittlere Entfernung der Erde von der Sonne, nach internationaler Vereinbarung = 149,600 Millionen Kilometer. Die AE ist die Einheit für alle Entfernungsangaben in unserem Sonnensystem.

Auflösungsvermögen – Der kleinste Winkelabstand zweier Lichtquellen, der mit einem Fernrohr noch getrennt werden kann.

Bedeckungsveränderlicher – Stern, der seine Helligkeit infolge der regelmäßigen Bewegung eines anderen Sterns in konstanten Zeitabständen verändert. Bei Bedeckungsveränderlichen handelt es sich folglich stets um Doppelsterne.

Bogenminuten/-sekunden – Auf der (scheinbaren) Himmelskugel werden die Abstände der Lichtpunkte oft im sogenannten Bogenmaß angegeben. Dem Vollkreis entsprechen 360°. Jedes Grad ist in 60 Bogenminuten (60') und jede Bogenminute in 60 Bogensekunden (60") unterteilt. Der Durchmesser des Mondes beträgt im Bogenmaß ca. 30'.

Cepheiden – Veränderliche Sterne, deren Helligkeit infolge regelmäßiger Veränderung des Durchmessers variiert, benannt nach dem Prototyp, dem Stern Delta im Sternbild Kepheus (Delta Cephei).

Doppelstern – Mitglied eines Systems aus zwei Sternen, die sich um ihren gemeinsamen Schwerpunkt bewegen und etwa die Hälfte aller Sterne ausmachen.

Elektronen – Elektrisch negativ geladene Elementarteilchen, die nach der klassischen Atomtheorie den Atomkern auf bestimmten Bahnen umlaufen.

Erdbahnkreuzer – Kleinplaneten, deren Bahnen die Erdbahn kreuzen, so daß die Möglichkeit eines Zusammenstoßes mit der Erde besteht.

Exzentrizität – Maß für die Abweichung einer Ellipse von der Kreisform. Geringe Exzentrizität der Bahn eines Himmelskörpers bedeutet eine kreisähnliche Bahn.

Flares – Kurzzeitiges Ansteigen der Helligkeit in kleinen Gebieten der Sonnenchromosphäre, meist in der Nähe von Sonnenflecken.

Fraunhoferlinien – Dunkle Linien im Spektrum der Sonne und der Sterne, benannt nach Joseph Fraunhofer, der speziell das Spektrum der Sonne erforschte und die Linien kennzeichnete.

Fixstern – Selbstleuchtende Gaskugel, deren Energie durch Kernfusion im Inneren freigesetzt wird. Der Name ist historischen Ursprungs und bedeutet „Festgehefteter Stern", weil Fixsterne innerhalb kürzerer Zeiträume ihre gegenseitige Stellung scheinbar nicht verändern.

Galileische Monde – Die vier im Jahre 1610 von Galileo Galilei entdeckten größten Jupitermonde Io, Europa, Ganymed und Callisto.

Gebundene Rotation – Bewegung eines Körpers um einen anderen, bei dem die Umlaufszeit um den Zentralkörper mit der Rotationsdauer um die eigene Achse übereinstimmt. Unser Mond umkreist die Erde in gebundener Rotation.

HRD – Abkürzung für **Hertzsprung-Russell-Diagramm**. Zweidimensionales Zustandsdiagramm, daß von dem dänischen Astronomen E. Hertzsprung und dem Amerikaner N. Russell entwickelt wurde. In dem Diagramm werden die Zustandsgrößen Temperatur und absolute Helligkeit von Sternen dargestellt.

Hubble-Konstante – Sie gibt an, um welchen Betrag die Geschwindigkeit der Sternsysteme mit zunehmender Entfernung ansteigt. Der Zahlenwert ist noch umstritten und liegt zwischen 50 und 100 km/s je Megaparsec.

Kernfusion – Verschmelzung von Atomkernen. In der Mehrzahl der Sterne wird der größte Teil der Energie durch die Verschmelzung von Wasserstoffkernen zu den Kernen des schwereren Elements Helium freigesetzt. Gegenüber dem Ausgangspunkt Wasserstoff sind die entstandenen Heliumatome etwas leichter. Die Massendifferenz wird in Form von Energie freigesetzt.

Keplersche Gesetze – Die drei von Johannes Kepler entdeckten Gesetze, nach denen sich die Planeten um die Sonne bewegen. Die Gesetze gelten aber auch für jedes andere System von zwei Körpern, die sich um einen gemeinsamen Schwerpunkt bewegen.

Lichtjahr – Die Entfernung, die ein Lichtstrahl (Geschwindigkeit im Vakuum rund 300 000 km/s) in einem Jahr zurücklegt. Ein Lichtjahr mißt ca. 9,5 Billionen Kilometer.

Lokale Gruppe – Kleine Ansammlung von etwa 25 Sternsystemen, die über ein Raumgebiet von rund 1 500 Kiloparsec verteilt sind und zu der u. a. unser Milchstraßensystem sowie der Andromeda-Nebel gehören.

Morgenstern – Als Morgenstern wird in der Literatur die Venus bezeichnet, wenn sie westlich der Sonne steht und somit am Morgenhimmel sichtbar ist.

Neutron – Ein Elementarteilchen ohne Ladung, das zusammen mit den Protonen den Atomkern bildet.

Neutrino – Elektrisch ungeladenes Elementarteilchen, das u. a. in riesigen Mengen im Innern der Sonne entsteht. Neutrinos gehen fast keine Wechselwirkung mit der Materie ein. Die Frage nach einer möglichen Masse der Neutrinos ist noch ungeklärt, wäre aber für die Kosmologie von großer Bedeutung.

Photosphäre – Die im sichtbaren Licht leuchtende „Oberfläche" der Sonne. Ihre Temperatur beträgt 5780 K.

Parsec – Entfernungseinheit im Reich der Sterne und Galaxien. Ein Parsec entspricht 3,26 Lichtjahren. Die Bezeichnung „Parsec" stammt von „Parallaxensekunde": Ein Stern in einem Parsec Entfernung besitzt eine Parallaxe von einer Bogensekunde.

Parallaxe – Der Winkel, um den sich ein naher Stern (scheinbar) vor dem Himmelshintergrund bewegt, wenn die Erde die Hälfte ihrer Bahn durchlaufen hat (wie der „Daumensprung“, wenn wir ihn am ausgestreckten Arm abwechselnd mit dem rechten und dem linken Auge betrachten). Die Parallaxe ist ein Äquivalent für die Entfernung eines Sterns.

Planetesimale – Kleine Körper, aus denen sich im Laufe der Entstehung des Planetensystems die Planeten gebildet haben.

Quasar – Die Quasare leuchten am Himmel sehr schwach, sind aber in Wirklichkeit die extrem weit entfernten und außerordentlich leuchtkräftigen Kerne junger Galaxien. Die Bezeichnung „Quasar“ leitet sich von „Quasistellarer Radioquelle“ ab, da diese Objekte erstmals im Radiobereich gefunden wurden und wie Sterne anmuten.

Refraktor – Zu Deutsch das Linsenfernrohr. Im Gegensatz zu den Reflektoren wird das Licht im Objektiv des Refraktors gebrochen, um es zu bündeln.

Reflektor – Das Spiegelteleskop reflektiert das Licht wie ein Hohlspiegel. Alle modernen Großteleskope sind Reflektoren.

Roter Riese – Ein rötlich leuchtender, kühler Stern, der langsam seinem Ende entgegengeht. Rote Riesen können mehrere hundert Millionen Kilometer groß sein. Auch unsere Sonne wird in ca. 4 – 5 Milliarden Jahren zum Roten Riesen; ihr Durchmesser übertrifft dann den der heutigen Marsbahn.

Sternschnuppe – auch Meteor genannt. Die Leuchtspur eines meist kleinen Teilchens, das aus dem Weltraum in die Erdatmosphäre gelangt und dort die Luft zum Leuchten anregt. Handelt es sich um ein massereicheres Objekt aus Gestein oder Metall, das nicht vollständig verglüht, dann kann man auf der Erde einen Meteoriten finden.

Supernova – Das große Finale eines massereichen Sterns, der das Ende seines „Lebens“ mit einer gewaltigen Explosion beschließt, die ihn für Wochen mitunter heller strahlen läßt als alle Sterne seiner Galaxie zusammen. Der Rest einer Supernova kann ein Neutronenstern oder (theoretisch) ein Schwarzes Loch sein.

Tierkreis – Die zwölf Sternbilder, durch die sich im Laufe eines Jahres Sonne, Mond und Planeten bewegen.

Urknall – Der hypothetische Beginn von Raum und Zeit, dessen Zeuge die jetzt noch meßbare kosmische Hintergrundstrahlung ist.

Weißer Zwerg – Der Rest eines durchschnittlichen Sterns wie unserer Sonne, nachdem er keine Energie mehr durch Kernfusion gewinnen kann und seine äußeren Hüllen abgestoßen hat. Die Materie eines Weißen Zwerges ist sehr dicht: Ein Teelöffel seiner Materie würde auf der Erde mehrere Tonnen wiegen.

REGISTER

Fettgedruckte Seitenzahlen verweisen auf Abbildungen.

Abbildungsnachweis
Astrofoto Neustadt, Jürgen Rusche: 132, 140
Bildagentur Astrofoto, Koch: 9, 28, 100, 137, 150, 168
Bildarchiv Hahn: 18, 34, 35, 37, 82, 87, 88 125, 127, 134, 138
Bildarchiv Herrmann: 14, 32, 41, 51, 52, 54, 56, 71, 72, 78, 90
Bildarchiv Melchert: 62, 80
ESO: 10, 19
NASA: 24, 39 42, 46, 58, 61, 63, 65, 67, 70, 72, 75, 93, 114, 143, 176
Yerkes Observatory: 17
Ohne Quellenangabe: 154

Postfach 10 60 11
D-70049 Stuttgart
TELEFON +49 (0)711-2191-0
FAX +49 (0)711-2191-422
WEB www.kosmos.de
E-MAIL info@kosmos.de

Mit 51 vierfarbigen Grafiken von Gerhard Weiland, 6 Farbillustrationen von Shigemi Numazawa/Bildagentur Koch, 8 historischen Abbildungen, 32 Farbfotos, 8 Schwarzweißfotos

Umschlaggestaltung von eStudio Calamar, unter Verwendung einer Aufnahme der Spiralgalaxie NGC 1232 (ESO) sowie sechs kleinen Abbildungen (Mond: Emmerich/Melchert, Spiralgalaxie NGC 300: ESO, Sternwarte La Silla: ESO, Planetarischer Nebel NGC 6543: Hubble-Weltraumteleskop, Orionnebel: ESO, Saturn: Raumsonde Cassini).

Bibliografische Information der Deutschen Bibliothek

Die Deutsche Bibliothek verzeichnet diese Publikation in der Deutschen Nationalbibliographie; detaillierte bibliografische Daten sind im Internet über http://dnb.ddb.de abrufbar.

ISBN 3-440-10502-4
Lektorat: Sabine Bartels, Heidelberg, Marion Schulz
Grundlayout: Atelier Reichert, Stuttgart
Herstellung: Siegfried Fischer, Stuttgart, Johannes Geyer
Printed in the Czech Republic/Imprimé en Republique Tchèque